新时代科技特派员赋能乡村振兴答疑系列

XINSHIDAI KEJI TEPAIYUAN FUNENG XIANGCUN ZHENXING DAYI XILIE

玉米绿色生产技术

YUMI LÜSE SHENGCHAN JISHU YOUWEN BIDA

—— 有问必答 ——

山东省科学技术厅
山东省农业科学院　组编
山　东　农　学　会

刘　霞　　李从锋　主编

中国农业出版社
农村读物出版社
北京

图书在版编目（CIP）数据

玉米绿色生产技术有问必答／刘霞，李从锋主编
.—北京：中国农业出版社，2020.6
（新时代科技特派员赋能乡村振兴答疑系列）
ISBN 978-7-109-26791-6

Ⅰ. ①玉… Ⅱ. ①刘… ②李… Ⅲ. ①玉米－栽培技术－无污染技术－问题解答 Ⅳ. ①S513-44

中国版本图书馆 CIP 数据核字（2020）第 068513 号

中国农业出版社出版
地址：北京市朝阳区麦子店街 18 号楼
邮编：100125
责任编辑：廖　宁
版式设计：王　晨　　责任校对：周丽芳
印刷：中农印务有限公司
版次：2020 年 6 月第 1 版
印次：2020 年 6 月北京第 1 次印刷
发行：新华书店北京发行所
开本：880mm×1230mm　1/32
印张：3.25
字数：180 千字
定价：18.00 元

组编单位

> 山东省科学技术厅
> 山东省农业科学院
> 山东农学会

编审委员会

主　任：唐　波　李长胜　万书波
副主任：于书良　张立明　刘兆辉　王守宝
委　员（以姓氏笔画为序）：

> 丁兆军　王　慧　王　磊　王淑芬　刘　霞
> 孙立照　李　勇　李百东　李林光　杨英阁
> 杨赵河　宋玉丽　张　正　张　伟　张希军
> 张晓冬　陈业兵　陈英凯　赵海军　宫志远
> 程　冰　穆春华

组织策划

> 张　正　宋玉丽　刘　霞　杨英阁

本书编委会

顾　问：齐世军
主　编：刘　霞　李从锋
副主编：穆春华　冷冰莹　张发军　鲁守平　杨　菲
参　编（以姓氏笔画为序）：
　　　　丁照华　王本新　王明佳　王盈桦　卢增斌
　　　　刘国利　李　明　李文才　何春梅　宋新元
　　　　张晗菡　赵丽萍　姜春明　曹　冰　崔海燕

序

农业是国民经济的基础，没有农村的稳定就没有全国的稳定，没有农民的小康就没有全国人民的小康，没有农业的现代化就没有整个国民经济的现代化。科学技术是第一生产力。习近平总书记2013年视察山东时首次作出"给农业插上科技的翅膀"的重要指示；2018年6月，总书记视察山东时要求山东省"要充分发挥农业大省优势，打造乡村振兴的齐鲁样板，要加快农业科技创新和推广，让农业借助科技的翅膀腾飞起来"，总书记在山东提出系列关于"三农"的重要指示精神，深刻体现了总书记的"三农"情怀和对山东加快引领全国农业现代化发展再创佳绩的殷切厚望。

发端于福建南平的科技特派员制度，是由习近平总书记亲自总结提升的农村工作重大机制创新，是市场经济条件下的一项新的制度探索，是新时代深入推进科技特派员制度的根本遵循和行动指南，是创新驱动发展战略和乡村振兴战略的结合点，是改革科技体制、调动广大科技人员创新活力的重要举措，是推动科技工作和科技人员面向经济发展主战场的务实方法。多年来，这项制度始终遵循市场经济规律，强调双向选择，构建利益共同体，引导广大科技人员把论文写在大地上，把科研创新转化为实践成果。2019 年 10 月，总书记对科技特派员制度推行 20 周年专门作出重要批示，指出"创新是乡村全面振兴的重要支撑，要坚持把科技特派员制度作为科技创新人才服务乡村振兴的重要工作进一步抓实抓好。广大科技特派员要秉持初心，在科技助力脱贫攻坚和乡村振兴中不断作出新的更大的贡献"。

山东是一个农业大省，"三农"工作始终处于重要位置。一直以来，山东省把推行科技特派员制度作为助力脱贫攻坚和乡村振兴的重要抓手，坚持以服务"三农"为出发点和落脚点、以科技人才为主体、以科技成果为纽带，点亮农村发展的科技之光，架通农民增收致富的桥梁，延长农业产业链条，努力为农业插上科技的翅膀，取得了比较明显的成效。加快先进技术成果转化应用，为农村产业发展增添新"动力"。各级各部门积极搭建科技服务载体，通过政府选派、双向选择等方式，强化高等院校、科研院所和各类科技服务机构与农业农村的连接，实现了技术咨询即时化、技术指导专业化、服务基层常态化。自科技特派员制度推行以来，山东省累计选派科技特派员 2 万余名，培训农民 968.2 万人，累计引进推广新技术 2 872 项、新品种 2 583 个，推送各类技术信息 23 万多条，惠及农民 3 亿多人次。广大科技特派员通过技术指导、科技培训、协办企业、建设基地等有效形式，把新技术、新品种、新模式等创新要素输送到农村基层，有效解决了农业科技"最后一公里"问题，推动了农民增收、农业增效和科技扶贫。

为进一步提升农业生产一线人员专业理论素养和生产实用技术水平，山东省科学技术厅、山东省农业科学院和山东农学会联合，组织长期活跃在农业生产一线的相关高层次专家编写了"新时代科技特派员赋能乡村振兴答疑系列"丛书。该丛书涵盖粮油作物、菌菜、林果、养殖、食品安全、农村环境、农业物联网等领域，内容全部来自各级科技特派员服务农业生产实践一线，集理论性和实用性为一体，对基层农业生产具有较强的指导性，是生产实际和科学理论结合比较紧密的实用性很强的致富手册，是培训农业生产一线技术人员和职业农民理想的技术教材。希望广大科技特派员再接再厉，继续发挥农业生产一线科技主力军的作用，为打造乡村振兴齐鲁样板提供"才智"支撑。

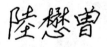

2020 年 3 月

党的十九大报告指出，农业农村农民问题是关系国计民生的根本性问题，必须始终把解决好"三农"问题作为全党工作的重中之重，实施乡村振兴战略。科技特派员制度是 1999 年在科技干部交流制度上的一项创新与实践，已有 20 多年的历史。2019 年 10 月，习近平总书记对科技特派员制度推行 20 周年作出重要指示时指出，创新是乡村全面振兴的重要支撑，要坚持把科技特派员制度作为科技创新人才服务乡村振兴的重要工作进一步抓实抓好。广大科技特派员要秉持初心，在科技助力脱贫攻坚和乡村振兴中不断作出新的更大的贡献。

为了落实党中央、国务院关于实施乡村振兴战略的决策部署，深入学习贯彻习近平总书记关于科技特派员工作的重要指示精神，促进科技特派员为推动乡村振兴发展、助力打赢脱贫攻坚战和为新时代农业高质量发展提供强有力支撑，山东省科学技术厅联合山东省农业科学院和山东农学会，组织相关力量编写了"新时代科技特派员赋能乡村振兴答疑系列"丛书之《玉米绿色生产技术有问必答》。本书共分四章，内容涵盖了玉米生产基础知识，普通玉米整地及播种技术、肥水管理技术、常见灾害及防治技术、收获及秸秆处理技术，特用玉米生产技术，玉米加工技术等内容，以期为广大玉米种植者、农业科技人员、产业界人士及政府主管部门提供参考和借鉴。

本书的编写本着强烈的敬业心和责任感，广泛查阅、分析、整理了相关文献资料。在本书编写过程中，得到了有关领导和兄弟单位的大力支持，许多科研人员提供了丰富的研究资料和宝贵建议以及大量辅助性工作。在此，谨向他们表示衷心的感谢！

由于时间仓促、水平有限，本书疏漏之处在所难免，恳请读者批评指正。

编　者

2020 年 3 月

目录 CONTENTS

第三章 　特用玉米生产技术

第四章 玉米加工技术

第一章 玉米生产基础知识

1. 为什么要种植玉米?

（1）玉米是最重要的食粮之一　玉米全身是宝，在国计民生中占有重要地位。在全球三大谷物中，玉米总产量和平均单产均居世界首位。玉米是世界上最重要的食粮之一，占世界粗粮产量的 65％以上，占我国粗粮产量的 90％。现今全世界约有三分之一人口以玉米作为主要粮食，特别是一些非洲、拉丁美洲国家。

（2）玉米是重要的工业原料　玉米是人类加工利用最多的谷类作物，以玉米为原料制成的加工产品有 3 000 种以上。玉米主要是用于生产淀粉，再深加工成各种变性淀粉，在食品、纺织、石油、造纸、医药、化工、冶金等行业中均有广泛应用。

（3）玉米在畜牧业中的地位突出　玉米的籽粒和茎叶都是优质饲料，是制造复合饲料的最主要原料，一般占 65％～70％。20 世纪 90 年代，我国每年用作饲料的玉米为 7 000 万～7 500 万吨。目前，饲料玉米年均消费量达 8 000 万吨以上。伴随畜牧业的大发展，玉米在畜牧业中的地位将更加突出。

（4）玉米在医药上用途广泛　用玉米淀粉作培养基原料可生产青霉素、链霉素等药品。玉米淀粉可制造葡萄糖、麻醉剂、消毒剂等用品。玉米的根系、叶片、穗轴、花丝等部位均可入药。

2. 玉米的祖先是谁?

"玉米的祖先是谁"至今还是一个有争议的科学难题。经过几个世纪的探索与研究，产生了许多有关玉米起源与演化的理论假说。比较有影响的假说有 6 种:

（1）有稃野生玉米起源假说　该假说是由 Saint‐Hilaire 于 1829 年提出的。该假说认为，玉米起源于原始有稃野生玉米。

(2) 共同起源假说　该假说是由 Weatherwax 提出的。他认为，玉米与两个墨西哥植物大刍草和摩擦禾起源于一个共同祖先——原始普通野生玉米。

(3) 三成分起源假说　该假说是由 Manglesdorf 和 Reeves 于 1939 年提出的。

(4) 大刍草直向进化起源假说　该假说是由 Ascherson 于 1895 提出的。他认为，玉米起源于一种原始野生的大刍草。

(5) 大刍草异常突变假说　该假说是由 Benz and Iitis 等人提出的。该假说认为，原始大刍草驯化成玉米不是单基因突变一步一步积累变化的结果，而是某种偶然因素引起大刍草发生大的突变。这种突变可能发生在至少 8 000 年以前，当时存在许多类型的突变体。

(6) 摩擦禾-二倍体多年生大刍草起源假说　该假说是由 Eubanks 于 1995 年提出的。认为二倍体多年生大刍草是玉米的祖先之一，玉米起源于摩擦禾与二倍体多年生大刍草杂交后代，杂交后代形成玉米起关键作用的基因来源于摩擦禾。

但是这些众多的玉米起源与进化假说都不能通过实验加以直接验证，都存在"合理性"解释的难题。比较而言，玉米由大刍草起源进化而来已为大多数科学家所认同。

3. 玉米是什么时候传入我国的？

玉米何时传入我国目前尚无定论。西方一些学者推测，哥伦布发现新大陆后把玉米带到西班牙，随着世界航海业的发展，玉米逐渐传到世界各地。大约在16世纪中期，玉米传入中国，这种推测还需进一步的研究。根据我国各省通志和府县志的记载，玉米最早传到我国广西，时间是1531年，距离哥伦布发现美洲不到40年。到明代末年，玉米已经传播到河北、山东、河南、陕西、甘肃、江苏、安徽、广东、广西、云南十省份。但近年来的研究表明，中国云南、广西一带也可能是玉米的起源地之一，还可能是糯玉米的起源中心之一。

4. 我国玉米生产形势如何？

我国是全球第二大玉米生产国和消费国。作为全球两大玉米种植黄金带之一，我国一直是世界上主要的玉米生产国，2012年后的玉米年产量一直保持在2亿吨以上，约占我国粮食总产量的1/3，约占全球玉米总产量的20%，紧随处于另一个玉米种植黄金带的美国之后，位居世界第二位。同时，我国的消费量也同样位居美国之后，排世界第二位。

2018年，我国玉米播种面积为4 313万公顷，同比减少27万公顷，减幅0.64%；单产为6.104吨/公顷，同比减少0.006吨/

公顷，减幅 0.1%；总产量为 2.571 7 亿吨，同比减少 190 万吨，减幅 0.73%。

5. 我国有哪几个玉米主产区？

我国地域辽阔，平原、山地、丘陵都种植玉米，复杂多样的自然条件形成我国多种种植制度和栽培特点。根据我国玉米的分布地区和种植制度的特点，结合各产区的农业自然资源状况，以及玉米在谷类作物中所占的地位、比重和发展前景，可把我国玉米划分为 6 个产区：

(1) 北方春播玉米区 本区自北纬 40° 的渤海岸起，经山海关，沿长城顺太行山南下，经太岳山和吕梁山，直至陕西秦岭北麓以北地区。包括黑龙江、吉林、辽宁、宁夏和内蒙古的全部，山西的大部分，河北、陕西和甘肃的一部分，是我国主要玉米产区之一。常年播种面积约占全国的 40%。

(2) 黄淮海平原夏播玉米区 本区南起北纬 33° 的江苏东台，沿淮河经安徽至河南，入陕西沿秦岭直至甘肃。包括黄河、淮河、海河流域中下游的山东、河南全部，河北大部，晋中南、关中和徐淮地区，是我国玉米的集中产区。常年播种面积约占全国的 35%。

(3) 西南山地玉米区 本区包括四川、云南、贵州全部，陕西南部和广西、湖南、湖北的西部丘陵地区及甘肃的一小部分，为我国主要玉米产区之一。常年种植面积约占全国的 18%。

(4) 南方丘陵玉米区 本区北界与黄淮海平原夏播玉米区相连，西接西南山地玉米区，东部和南部紧临东海和南海。包括广东、福建、浙江、江西、台湾等省全部，江苏、安徽的南部，广西、湖南、湖北的东部。本区是我国主要水稻产区，玉米种植面积较小，约占全国玉米总面积的 3%。

(5) 西北灌溉玉米区 本区包括新疆全部和甘肃的河西走廊，属大陆性干燥气候，降雨稀少。随着农田灌溉面积的扩大，常年播种面积逐渐增加，约占全国的 3%。

（6）青藏高原玉米区 本区包括青海省和西藏自治区以及四川西部、云南西北部和甘肃的甘南藏族自治州。常年播种面积小，约占全国的1%。

6. 当前我国玉米生产的主要问题有哪些?

尽管中华人民共和国成立后我国玉米播种面积、总产量、单产均呈现增长趋势，但与世界发达国家相比，仍存在一定的差距。主要有以下几方面:

（1）单产水平低 1949年以来，随着玉米各项高产栽培技术的广泛应用，我国玉米单产水平有了很大提高。2016年，我国玉米单产水平排在世界第14位，比世界玉米平均单产水平第一位的西班牙低260.7千克/亩，仅为美国的60.6%。2019年，我国玉米平均单产水平为421千克/亩[①]，与世界玉米生产发达国家还有相当的差距。

（2）种植成本高 由于土地流转费用、劳动力价格，以及种子、化肥、农药和机械作业等费用的上涨，我国玉米的种植成本不断攀升。据统计，2006—2016年，我国玉米的种植成本已经从0.97元/千克增至2.00元/千克，远高于美国的1.42元/千克和巴西的1.16元/千克。究其原因，我国玉米生产土地规模较小，大部分家庭农场的土地规模不超过100亩，约是美国家庭农场上地规模的1/50，导致机械化程度低，劳动力费用占成本比例较高，种植经济效益较低。

（3）种子质量差 近年来，虽然我国加大了玉米杂交种的繁育推广力度，生产繁育环节也有《中华人民共和国种子法》可依，但由于各种原因，私繁滥繁现象时有发生，导致杂交种子纯度、净度不高，严重降低了玉米杂交种的质量。同时，由于当前市场销售的玉米杂交品种繁多，农民用种选种困难，增加了玉米生产上的盲目性和不确定性。

---

① 亩为非法定计量单位，1亩≈667平方米。

（4）**机械化程度低** 尽管随着《中华人民共和国农业机械化促进法》和国家农机购置补贴政策的实施，我国农机服务能力快速增强，在东北平原等一些玉米连片耕作区，玉米耕整地、种植和田间管理等环节机械化作业问题基本解决，机播水平达 60%。但从全国情况看，玉米生产综合机械化水平仅为 40%，远远低于美国、澳大利亚等发达国家。

7. 影响玉米产量形成的因素有哪些？

玉米产量形成受到很多因素的影响，概括起来主要有以下几个方面：

（1）**品种特性** 目前，生产上可供选择的玉米品种多种多样，而且每个品种的特性也不同，比如说抗旱性强的、抗病强的、抗涝强的等。其中，品种选择的正确与否是影响玉米产量最基础的原因。据统计，品种或种子对玉米产量的影响在不同生态区占10%～20%。

（2）**气候条件** 气候条件对玉米产量的影响主要表现在温度、光照、水分这几个方面。因为如果种植的条件不利于玉米生长，那么就算品种选择再好那也于事无补。所以说，种植条件也是影响玉米产量的一个重要因素。据统计，以干旱为主的不利气候条件在不同生态区对玉米产量的影响占 10%～35%。

（3）**土壤环境** 土壤是玉米扎根生长的场所，主要为玉米植株的生长发育提供氮、磷、钾等矿质营养。土壤侵蚀、耕层变浅、土地瘠薄与地力不足等都会影响玉米的产量。据统计，不良的土壤环境对玉米产量的影响占 5%～20%。

（4）**栽培措施** 种植密度不合理、耕作栽培管理粗放、播种质量差、农机农艺不配套等栽培管理技术也会制约玉米产量的形成。据统计，栽培措施对玉米产量的影响在不同生态区占 30%～60%。

（5）**生物逆境** 生物逆境主要体现在玉米螟、茎腐病、二点委夜蛾等主要病虫及草害等对玉米产量的影响。据统计，生物逆境对玉米产量的影响在各生态区占 5%～10%。

8. 怎样选择适宜的玉米良种？

（1）当地的热量和生长期要符合品种完全成熟的需要　单纯为了追求高产而采用生育期过长的品种，往往不能充分成熟，籽粒不够饱满，影响玉米的营养品质和商品品质。

当地的热量和生长期要符合品种完全成熟的需要

（2）具有高产潜力的品种 这类品种往往株型比较紧凑，可以通过密植增加穗数；同时穗行数又比较多，可以增加粒数。普通大穗型的品种，随着生产条件、肥水投入的改善，产量潜力也可大幅提高。

个高，颗粒多。

具有高产潜力的品种

（3）具有较强抗逆性的品种 这类品种往往具有较强的抗病性和抗倒伏能力，同时在较高的肥水条件下又具有较好的结实性。

抗病、抗倒伏。

具有较强的抗逆性

（4）根据不同的生产用途来选择品种 这些品种主要包括普通玉米、糯玉米、甜玉米、高赖氨酸玉米、爆裂玉米、笋玉米等。

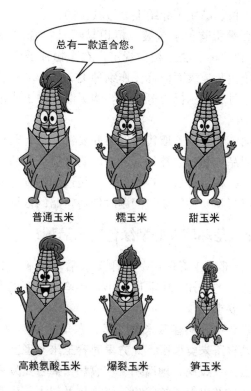

总有一款适合您。

普通玉米　　糯玉米　　甜玉米

高赖氨酸玉米　　爆裂玉米　　笋玉米

根据不同的生产用途来选择品种

9. 购买种子时应注意哪些问题？

（1）要到合法经营单位购买种子。要查看种子经营者是否为具有《种子生产经营许可证》和《营业执照》的种子企业及其分支机构，不要随意购买流动商贩和无证、无照经营者销售的种子。

（2）在购买种子时，要确定所购品种是通过审定的品种。不要盲目听信广告宣传，如果有不清楚的地方可以向当地种子管理部门咨询，以防购到假劣种子。

（3）要了解需购种子的特征、特性和栽培技术要点，选购适宜自己所在地区气候特点、耕作制度及种植方式的品种，不要购买在适宜区域、产量、品质等介绍上言过其实的种子。

（4）要查看所购种子包装、标识是不是符合法规要求。根据《中华人民共和国种子法》相关规定，农作物种子应当加工、包装后销售，种子包装袋表面应标注作物种类、品种名称、生产商、净含量、生产年月、警示标志等。不要购买散装种子或包装破损、标识不清的种子。

（5）要向销售单位索取售种发票并妥善保存。购种时，要向售种者索取注明品种名称、数量、价格的购种凭证和品种介绍、栽培技术等资料，并在播种后，将种子包装袋连同购种凭证、有关资料一起保存，以备发现种子质量问题时作为索赔的依据。

10. 什么是环境友好型绿色玉米品种？

《农业农村部种业管理司关于印发水稻、玉米、小麦、大豆绿色品种指标体系的通知》中明确指出，环境友好型玉米绿色品种应符合以下指标要求：

（1）东华北中晚熟春玉米类型区、东华北中熟春玉米类型区、东华北中早熟春玉米类型区、北方早熟春玉米类型区、北方极早熟春玉米类型区　大斑病、穗腐病、茎腐病田间自然发病和人工接种鉴定均达到中抗及以上或抗蚜虫等级为抗及以上，生育期与主推品种相当，且没有严重缺陷的品种。

（2）西北春玉米类型区　茎腐病、穗腐病田间自然发病和人工接种鉴定均达到中抗及以上或抗红蜘蛛等级为抗及以上，生育期与主推品种相当，且没有严重缺陷的品种。

（3）黄淮海夏玉米类型区、京津冀早熟夏玉米类型区　小斑病、茎腐病、穗腐病田间自然发病和人工接种鉴定均达到中抗及以上或抗蚜虫等级为抗及以上，生育期与主推品种相当，且没有严重缺陷的品种。

（4）西南春玉米类型区、热带亚热带玉米类型区　纹枯病、茎腐病、大斑病、穗腐病田间自然发病和人工接种鉴定均达到中抗及以上，生育期与主推品种相当，且没有严重缺陷的品种。

（5）东南春玉米类型区　纹枯病、茎腐病、穗腐病、南方锈病田间自然发病和人工接种鉴定均达到中抗及以上，生育期与主推品种相当，且没有严重缺陷的品种。

11. 什么是玉米的熟期类型？

玉米的生育期是指从播种到成熟的天数。依据联合国粮食及农业组织（简称"联合国粮农组织"）的国际通用标准，把玉米的熟期分为 7 种类型：

（1）超早熟类型　植株叶片总数 8～11 片，生育期 70～80 天。

（2）早熟类型　植株叶片总数 12～14 片，生育期 81～90 天。

（3）中早熟类型　植株叶片总数 15～16 片，生育期 91～100 天。

（4）中熟类型　植株叶片总数 17～18 片，生育期 101～110 天。

（5）中晚熟类型　植株叶片总数 19～20 片，生育期 111～120 天。

（6）晚熟类型　植株叶片总数 21～22 片，生育期 121～130 天。

（7）超晚熟类型　植株叶片总数 ≥23 片，生育期 ≥131 天。

12. 如何划分玉米的生育时期？

玉米的一生可人为划分为 12 个生育时期，各生育时期鉴定标准（全田 50% 以上植株达标）：

（1）出苗期　幼苗出土高约 2 厘米。

（2）三叶期　植株第三叶露出叶心 2～3 厘米。

（3）拔节期　植株雄穗伸长，茎节总长度达 2～3 厘米，叶龄指数 30 左右。叶龄指数＝主茎叶龄（展开叶片数）/主茎总叶片数×100。

（4）小喇叭口期　雌穗伸长，雄穗进入小花分化期，叶龄指数 46 左右。

（5）大喇叭口期　雌穗进入小花分化期，雄穗进入四分体时期，叶龄指数 60 左右，棒三叶甩开呈喇叭口状。

（6）抽雄期　雄穗尖端露出顶叶 3～5 厘米。

（7）开花期　雄穗开始散粉。

（8）抽丝期　雌穗的花丝从苞叶中伸出 2 厘米左右。

（9）**籽粒形成期**　果穗中部籽粒体积基本建成，胚乳呈清浆状，亦称灌浆期。

（10）**乳熟期**　果穗中部籽粒干重迅速增加并基本建成，胚乳呈乳状后至糊状。

（11）**蜡熟期**　果穗中部籽粒干重接近最大值，胚乳呈蜡状，用指甲可以划破。

（12）**完熟期**　籽粒干硬，籽粒基部出现黑色层，乳线消失，并呈现出品种固有的颜色和光泽。

13. 玉米各生育阶段有哪些特点？

玉米的一生可划分为以下 3 个生育阶段：

（1）**苗期阶段**　即从播种后到拔节期，一般历时 20～30 天。此阶段为玉米营养生长阶段，其生育特点是长根、增叶、茎节分化。此阶段以根系生长为中心，是决定亩穗数的关键时期。

（2）**穗期阶段**　即从拔节期到开花期，一般历时 27～30 天。此阶段为营养生长与生殖生长并进的阶段，其生育特点是长叶、拔节、雄穗和雌穗分化。

（3）**花粒期阶段**　即从开花期到成熟期，一般历时 30～55 天。此阶段为生殖生长阶段，其生育特点是开花受精、籽粒形成。此阶段是决定穗粒数和千粒重的关键时期。

14. 玉米的类型是如何划分的？

（1）**按玉米籽粒形态、胚乳结构及颖壳有无分**

①硬粒型。也称燧石型。籽粒多为方圆形，顶部及四周胚乳都是角质，仅中心近胚部分为粉质，故外表半透明有光泽、坚硬饱满。粒色多为黄色，间或有红、紫等色。籽粒品质好，是中国长期以来栽培较多的类型，主要作食粮用。

②马齿型。又叫马牙型。籽粒扁平呈长方形，由于粉质的顶部比两侧角质干燥得快，所以顶部的中间下凹，形似马齿，故名。籽粒表皮皱纹粗糙、不透明，多为黄、白色，少数呈紫色或红色。是

国内外栽培最多的一种类型,食用品质较差,适宜制造淀粉和酒精或作饲料。

③半马齿型。也叫中间型。它是由硬粒型和马齿型玉米杂交而来。籽粒顶端凹陷较马齿型浅,有的不凹陷仅呈白色斑点状。顶部的粉质胚乳较马齿型少但比硬粒型多,品质较马齿型好,在中国栽培较多。

④粉质型。又名软质型。胚乳全部为粉质,籽粒乳白色、无光泽。只能作为制造淀粉的原料,在中国很少栽培。

⑤甜质型。亦称甜玉米。胚乳多为角质,含糖分多,含淀粉较低,因成熟时水分蒸发使籽粒表面皱缩,呈半透明状。

⑥甜粉型。籽粒上半部为角质胚乳,下半部为粉质胚乳。中国很少栽培。

⑦蜡质型。又名糯质型。籽粒胚乳全部为角质但不透明且为蜡状,胚乳几乎全部由支链淀粉所组成。食性似糯米,黏柔适口。中国只有零星栽培。

⑧爆裂型。籽粒较小,米粒形或珍珠形,胚乳几乎全部是角质,质地坚硬透明,种皮多为白色或红色。尤其适宜加工爆米花等膨化食品。中国有零星栽培。

⑨有稃型。籽粒被较长的稃壳包裹,籽粒坚硬,难脱粒,是一种原始类型,无栽培价值。

(2) 按玉米粒色分

①黄玉米。种皮为黄色,包括略带红色的黄玉米。美国标准中规定,黄玉米中其他颜色玉米含量不超过 5.0%。

②白玉米。种皮为白色,包括略带淡黄色或粉红色的玉米。美国标准中将淡黄色表述为浅稻草色,并规定白玉米中其他颜色玉米含量不超过 2.0%。

③黑玉米。黑玉米是玉米的一种特殊类型,其籽粒角质层不同程度地沉淀黑色素,外观乌黑发亮。

④杂色玉米。以上三类玉米中混有本类以外的玉米超过 5.0% 的玉米。中国标准中定义为混入本类以外玉米超过 5.0% 的玉米。

美国标准中表述为颜色既不能满足黄玉米的颜色要求，也不符合白玉米的颜色要求，并含有白顶黄玉米。

（3）按玉米株型分

①紧凑型玉米。植株紧凑，叶片斜举上冲，穗位以上叶夹角小于15°。紧凑型玉米有3个明显的特点：一是透光性好；二是群体叶面积指数较高；三是生物产量高，经济系数高。

②平展型玉米。植株高大、叶片较宽、叶片多、穗位以上各叶片与主茎秆夹角平均大于35°，穗位以上的各叶片与主茎夹角平均大于45°。

15. 什么是特用玉米？

特用玉米是根据不同需要培育出的适合特殊用途的优质玉米品种，具有专用性、优质性、高效性等特点。常见的特用玉米包括以下几种类型：

（1）甜玉米　通常分为普通甜玉米、加强甜玉米和超甜玉米。甜玉米对生产技术和采收期的要求比较严格，且货架寿命短。

（2）糯玉米　淀粉为支链淀粉，蛋白质含量高。有不同花色。糯玉米除鲜食外，还是淀粉加工业的重要原料。

（3）爆裂玉米　爆裂玉米的果穗和籽粒均较小，籽粒几乎全为角质淀粉，质地坚硬。粒色白、黄、紫或有红色斑纹。有麦粒型和珍珠型两种。籽粒含水量适当时加热，能爆裂成大于原体积几倍的爆米花。

（4）高油玉米　含油量较高，一般可达7%～10%，有的可达20%左右。特别是其中亚油酸和油酸等不饱和脂肪酸的含量达到80%，具有降低血清中的胆固醇、软化血管的作用。

（5）高淀粉玉米　广义上的高淀粉玉米泛指淀粉含量高的玉米类型或品种，根据淀粉的性质又可划分为高直链淀粉玉米和高支链淀粉玉米两种。生产上普通玉米的淀粉含量一般在60%～69%，目前将淀粉含量超过74%的品种视为高淀粉玉米。

（6）青饲玉米　指采收青绿的玉米茎叶和果穗作饲料的一类玉

米。青饲玉米茎叶柔嫩多汁、营养丰富，尤其经过微贮发酵以后，适口性更好，利用转化率更高，是畜禽的优质饲料来源。

（7）高赖氨酸玉米　胚乳中的赖氨酸含量高，比普通玉米高80%～100%。产量不低于普通玉米，在中国的一些地区，已经实现了高产优质的结合。

（8）笋玉米　指以采收幼嫩果穗为目的的玉米。由于这种玉米吐丝受粉前的幼嫩果穗下粗上尖，形似竹笋，故名笋玉米。笋玉米以籽粒尚未隆起的幼嫩果穗供食用。与甜玉米不同的是，笋玉米是连籽带穗一同食用，而甜玉米只食嫩籽不食其穗。

16. 甜玉米为什么那么甜？它是转基因玉米吗？

甜玉米之所以甜，是因为其胚乳中的基因发生突变，从而使甜玉米乳熟期的籽粒中能够积累大量的水溶性多糖。考古学和遗传学的研究都表明，甜玉米的故乡位于美洲大陆，其起源时间可以追溯到 1779 年。

转基因玉米是指利用外源基因通过转基因手段培育的特殊玉米品种。目前，全球种植的转基因玉米主要是抗除草剂和抗虫转基因玉米，而我国尚未批准转基因玉米种植。这两类转基因玉米所用的外源基因既不参与玉米的外形发育，也不参与玉米的有颜色物质的合成，它与玉米的甜度没有关系。

17. 如何判断玉米是不是转基因玉米？

目前最简单快速且大众可以亲自操作的判断是不是转基因玉米的方法就是转基因检测试纸条。只需把待检测的玉米样品（叶片或种子）捣碎，然后加入和试纸条一起买来的溶液（或者自来水）溶解，再用试纸条检测溶解有玉米样品的溶液即可。如果检测后的纸条上出现两道杠，说明被检测的玉米为转基因玉米；如果纸条上出现一道杠，说明被检测的玉米为非转基因玉米。

第二章

普通玉米生产技术

一、整地及播种技术

18. 玉米播种前需不需要深耕整地?

玉米植株高大,需要有发达的根系来吸收水分、养分和固定植株。因此,需要良好的土壤环境。而播种前进行深耕整地就是为玉米根系生长创造条件,因为深耕可以有效打破犁底层,改善土壤理化性状,调节土壤内部水、肥、气、热关系,增强土壤蓄水抗旱能力,促进作物根系发育,增强抗旱和抗倒力,提高作物水肥利用效率。此外,深耕整地还可以把土表杂草和病虫深埋,减少病菌和虫卵,降低来年病虫害危害程度。因此,玉米播种前进行深耕整地十分必要。从节本增效角度来说,建议进行隔年深耕或者与上下茬作物结合进行周年统筹深耕。

19. 播种前深耕整地需要注意哪些问题?

(1)需要把握住深耕整地的最佳时期 土壤的最佳整地时期应该是在土壤的凝聚性、黏着性和可塑性均减至最低程度时。此时,整地耕地阻力小,土块易碎,耕地质量高。

(2)需要把握适宜的整地深度 适合的耕深要依据耕层土壤的土层厚度、该地块合理整地的时间和种植的品种而定。对于多年未深翻整地的地块,要通过逐年加深的方式来达到深耕整地的要求,切不可直接翻到玉米所需整地要求的标准深度,以免影响玉米的正常生长发育;对于耕层土壤深厚的地块,可以直接深翻达到玉米生长发育技术要求的指标;而对于耕层土壤比较薄的地块,尽量不要采用深翻整地技术,因为整地稍深即容易打破犁底层而导致漏水漏肥。一般来说,可将整地的深度控制在25~30厘米。这样的耕深不但能够满足玉米根系生长的需要，还不至于因耕深过大而浪费人力、物力和财力。

20. 机械化深松与深耕有什么不同？

深松与深耕均为打破土壤坚硬犁底层、改善土壤性能的整地方式。不同的是，深耕采用铧式犁打破犁底层，是一种传统的整地方式；而深松采用的是深松机具，是一种现代的保护性耕作技术方式。

（1）**深耕的优点** 可以全方位疏松土壤，改善土壤性能，减少病虫草害发生，但其缺点也比较明显，主要体现在铧式犁作业时土壤翻动、扰动较大，动力消耗较高，导致机械化深翻作业成本提高，且犁耕后地表很不平整，若不进行耙地和压地等附加作业，会严重影响播种作业，也极易跑墒失墒而加重旱情。

（2）**深松的优点** 消耗动力较小，作业成本较低，容易实现深松、旋耕、镇压、起垄一体化作业，从而提高机械化作业效率。同时，动土量较少且不翻动土壤，也不破坏原有耕层，利于改善土壤性能和保水保墒。因此，目前应用较为广泛并得到政策扶持。总之，深松与深耕各具特点和优势，但从整地作业效果和经济性上看，机械化深松作业要优于铧式犁深耕，也更适合当前农业生产方式。

21. 机械化深松作业应掌握哪些原则?

机械化深松作业应该根据土壤的墒情、耕层质地情况具体确定，提倡以秋季的全方位深松为主、以夏季的局部深松为辅的原则。

（1）**深松间隔要合理控制** 宽行作物如玉米等，间隔为 50 厘米左右，最好与作物行距一致。

（2）**土壤含水量要适宜** 土壤深松应在自然含水率为 15％～22％时进行，土壤含水率过大或过小都不利于深松作业。

（3）**要掌握好深松的深度** 深松应能打破犁底层，一般情况下，比现有耕作层加深 5～10 厘米即可。深度一般要大于 25 厘米，但不超过 40 厘米。

（4）**合理安排作业周期** 土壤的深松不需要每年进行，一般根据当地的土壤类型、有机质含量及土壤的疏松状况等条件灵活进行，一般 3～4 年深松 1 次。

22. 怎样选择适宜的玉米播种机?

由于我国玉米种植地带比较长而且十分分散，因气候条件不同，每个地区有不同的种植方式。因此，播种前需要根据自己所处地区选择适应本地区种植方式的播种机。

(1) 东北地区 该区尤其是辽宁中部以北地区，由于冬季时间较长，为保证适时播种，玉米种植一般垄上播种，且玉米种植行距一般要求60厘米左右。因此，该地区适应的播种机必须宽行距、能起垄。目前，市场上适应这种播种方式的国产播种机品牌有融拓北方、哈尔滨沃尔、吉林康达、勃农兴达等，国外品牌主要有约翰·迪尔、格兰、美国大平原、马斯奇奥等。

(2) 黄淮海地区 由于是一年两熟种植区域，大部分属于麦茬平地条带开沟播种，播种行距一般在60厘米左右。因此，对玉米播种机的要求主要集中在开沟铲要坚固，开沟铲上要配备防麦秸缠绕装置。目前，生产上常见的玉米播种机主要有勺轮式播种机、指夹式播种机和气吸式播种机3种，其中勺轮式播种机的作业行数一般为24行，适合耕整过且地表平整、秸秆粉碎抛洒的地块，代表品牌有农哈哈、豪丰、大华宝来和海伦王等；指夹式播种机的作业行数一般为2～6行，适合地表起伏大且坑洼不平、秸秆量较大的地块，代表品牌有康达和佳木斯迪尔等；气吸式播种机的作业行数一般为4～9行，适合地块较大、高速作业的地块，代表品牌有沃尔、中机美诺和德邦大为等。

(3) 华南地区 由于气候炎热，年降水量大，常年空气湿度较大；为保证玉米生长后期通风良好，受粉充分，该地区的玉米种植一般采用大小行垄作种植方式，也就是每隔80厘米或90厘米起一个宽度为50厘米的宽垄，在50厘米的宽垄上播种两行玉米。由于南方玉米种植面积相对较少，目前市场上还没有批量生产适用于这种播种方式的玉米播种机。

23. 如何确定适宜的玉米播种深度？

玉米的播种深度因土壤质地、土壤水分、品种特性而异。在土壤墒情良好的情况下，玉米播种的深度以3～5厘米为宜。当土壤黏重、水分充足、种子拱土能力较弱时应适当浅播，但不能浅于2.5厘米，播种深度控制在3～4厘米为宜；当土质疏松、水分较少、种子拱土力强时可适当深播，但最深不应超过6.0厘米，播种深度以4～5厘米为宜。

土壤墒情良好

土质疏松、水分较少

土壤黏重、水分充足

24. 适宜的播种密度是如何确定的?

适宜的播种密度是决定玉米产量的重要因子。密度过小,群体不足,难以高产;密度过大,易引起早衰和倒伏。玉米的适宜种植密度受品种特性、土壤肥力、气候条件、土地状况、管理水平等因素的影响。因此,确定适宜密度时,应根据所有因素综合考虑,因地制宜,灵活运用。

(1) **株型紧凑和抗倒品种宜密植** 这类品种一般生育期较短、株型紧凑、秆强、根系发达、抗倒伏能力强,可适当密植,留苗密度以 4 800～5 000 株/亩为宜。

(2) **高肥力地宜密,低肥力宜稀** 生产实践表明,同一品种在同一种植区域,只因肥力不同,其适宜密度最大相差可达 25% 左右。因此,土壤肥沃、施肥量又多的高产田,要取品种适宜密度范围的上限值;中等肥力的地块宜取品种适宜密度范围的中间值;而土壤肥力基础较低,施肥量较少的地块,种植密度不宜太高,应取品种适宜密度范围的下限值。一般来说,亩产 900 千克以上高产田适宜密度为 5 500～6 500 株/亩。

(3) **阳坡地和沙壤土地宜密** 适宜的种植密度与土地的地理位置和土质也有关系。一般阳坡地,土壤透气性好的沙土或沙壤土宜种得密些;而低洼地通风差,黏土地透气性差,宜种得稀一些,一般每亩地可相差 300～500 株。

(4) **日照时数长、昼夜温差大的地区宜密** 因光照时间长、昼夜温差较大的地区光合作用时间长,呼吸消耗少,种植密度可适宜大一些,如沿海和高原地区;而在高温、多湿、昼夜温差小的内陆地区,种植密度宜偏稀一些,一般每亩可相差 500 株左右。

(5) **精细管理的地块宜密植** 因为精细栽培可以提高玉米群体的整齐度,减少大小苗的发生,因此可适当密植;而在粗放栽培的情况下,种植密度以偏稀为好。

二、肥水管理技术

25. 玉米各生育时期需肥规律是什么?

（1）**三叶期至拔节期** 随着幼苗的生长发育，对养分的消耗量也不断增加。虽然这个时期对养分的需求量还较少，但是获得高产的基础，只有满足此期的养分需求，才能获得优质的壮苗。

（2）**拔节期至抽雄期** 此期是玉米果穗形成的重要时期，也是养分需求量最高的时期。这一时期吸收的氮占整个生育期的 1/2，磷占 2/3，钾占 4/5。此期如果营养供应充足，可使玉米植株健壮、穗大粒多。

（3）**抽雄期至灌浆期** 此期植株生长基本结束，籽粒快速进行灌浆，氮的吸收量占整个生育期的氮消耗量的 1/5，磷占 1/6，钾占 1/5。

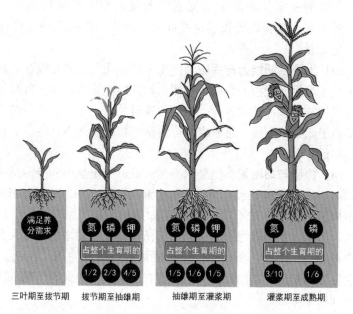

| 三叶期至拔节期 | 拔节期至抽雄期 | 抽雄期至灌浆期 | 灌浆期至成熟期 |

（4）灌浆期至成熟期　此期是籽粒建成期，玉米的需肥量又迅速增加，以形成籽粒中的蛋白质、淀粉和脂肪，一直到成熟为止。这一时期吸收的氮占整个生育期的 3/10，磷占 1/6。

26. 怎样确定玉米的需肥量？

据研究，玉米每生产 100 千克籽粒需吸收纯氮（N）2.5～3.0千克、磷（P_2O_5）1.0 千克、钾（K_2O）2.0 千克，需肥量随产量水平的提高而增加。

（1）产量水平与需肥量　随着产量水平的提高，每公顷玉米的纯 N、P_2O_5、K_2O 吸收量亦随之提高。因此，在确定纯 N、P_2O_5、K_2O 需要量时，应当考虑到产量水平间的差异。

（2）品种特性与需肥量　不同玉米品种间矿质元素需要量差异较大，玉米每公顷的纯 N、P_2O_5、K_2O 吸收量一般为生育期长的品种高于生育期短的品种。生育期相近的一般为高秆品种高于中秆和矮秆品种。品种的株型特点对矿质元素的吸收也有一定影响，紧凑型玉米品种的矿质元素吸收量均高于平展型品种。因此，对于那些生育期较长、植株高大、适于密植的品种，应适当增加施肥量。

（3）土壤供肥能力与需肥量　玉米对矿质元素的吸收在某种程度上受土壤供肥能力的影响，在肥力较高的土壤中，由于含有较多的可供植株吸收的速效养分，因而植株对纯 N、P_2O_5、K_2O 的吸收量要高于低肥力土壤，而形成单位质量籽粒所需纯 N、P_2O_5、K_2O 量却降低。

（4）施肥与需肥量　施肥水平的高低影响土壤中养分的总体供应状况，进而影响玉米植株对矿质元素的吸收。氮、磷、钾肥的单独施用及相互配合施用均可促进玉米植株对纯 N、P_2O_5、K_2O 的吸收，产量水平亦随之提高，但由于植株需肥量的增长幅度大大超过产量的提高幅度，所以形成单位质量籽粒所需纯 N、P_2O_5、K_2O 含量随施肥量的增加而提高。说明在肥料投入较大的情况下肥料养分利用率降低。

27. 追肥时期如何确定？

（1）**看土追肥** 追肥要由土壤的性质而定。低洼地和碱地，要选用硝酸铵、硫酸铵、过磷酸钙等酸性或生理酸性肥料作追肥；酸性土壤应选用尿素、碳酸氢铵等碱性肥料作追肥；对保水、保肥能力差的沙土或沙壤土，应选用不易挥发的硝酸铵追肥。

（2）**看势追肥** 壮苗地块追施化肥；弱苗地块除追施化肥外，还要追施腐熟的人粪、饼肥；对壮苗地块中的弱苗，应该给"吃偏食"，多施追肥使弱苗快速复壮，追肥后要及时覆土。

看势追肥

（3）**看肥施肥** 目前，玉米追肥习惯上都以施氮肥为主。氮肥施入土壤后，很快分解成硝态氮、铵态氮和酰胺态氮，并以离子形态存在。如果追肥后覆土过浅，氮素滞留于地表层，玉米植株只能吸收20%左右。如果深施10厘米左右并及时覆土压严压实，其吸收率则可达80%左右。针对氮肥这一特点，应避免浅、明施或随水施用，以免肥效流失，造成浪费。

（4）**看需追肥** 玉米幼苗长到6～7片叶时，应按株追肥，诱使须根早发；拔节期应施化肥占总追肥量的30%～40%；孕穗期施肥量应加大，占总施肥量的50%～60%。前期追施氮素；中期叶面喷施叶面肥；结实期施磷酸二氢钾，亩用量为200～250克。

（5）**看期追肥** 苗期不可追施过早，以利于蹲苗发粗发壮；雌雄穗形成期，追肥不宜过晚以防止脱肥早衰；后期追肥要适时适量，以防贪青晚熟。

28. 生产上常见的肥料种类有哪些?

（1）有机肥料　如粪尿肥、堆沤肥、秸秆肥、绿肥、土杂肥、泥炭、沼气肥等。

优点：含有丰富的有机质和各种养分。它不仅可以为作物直接提供养分，而且可以活化土壤中的潜在养分，增强微生物活性，促进物质转化，改善土壤理化性状，提高土壤肥力。

缺点：养分含量低、肥效缓慢；施肥数量大，运输和施用不便。

（2）化学肥料　也称无机肥料，包括氮肥、磷肥、钾肥、微肥、复合肥料等。

优点：成分单纯，养分含量高；肥效快，肥劲猛。

缺点：一般不含有机质，无改土培肥的作用。

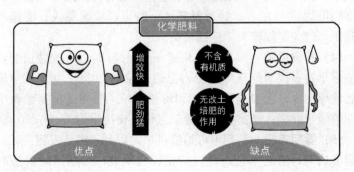

（3）微生物菌肥 是微生物肥料的俗称，如根瘤菌、固氮菌、磷细菌、钾细菌、抗生菌肥料等。

优点：可以改良土壤的微生物环境，增加土壤生物菌量，改善土壤中的一些固定的营养元素，促进农作物根部对养分的吸收。

缺点：并不具备任何营养元素，只是充分活化了土壤原本含有的养分，所以无法长时间为作物提供养料。

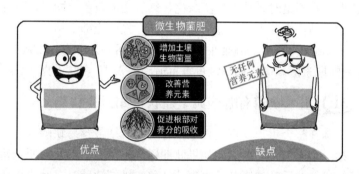

多种肥料混合使用时需要注意的是：有机肥可以和多种肥料搭配并充分发挥它们的肥效，而化肥和微生物菌肥之间尽量不要混合使用，因为化肥会对微生物菌肥中的微生物活性产生危害，导致微生物菌肥失效。

29. 什么是玉米烧苗现象？

土壤中的水分不是纯水，其中溶解着不少的矿质盐类，是一个混合溶液。如果土壤溶液浓度过大，植物不但不能吸水，还会发生植物体内水分向土壤中"倒流"的现象，植株因体内水分缺乏而变黄。这就是生产上因施肥过量造成土壤溶液浓度过高、引起"烧苗"的主要原因。

30. 玉米缺氮有哪些典型症状？如何补救？

玉米在生长初期氮素不足时，植株生长缓慢，呈黄绿色；旺盛生长期氮素不足时，植株呈淡绿色，然后变成黄色。同时，下部叶片开始干枯，由叶尖开始逐渐达到中脉，最后全部干枯。

早期缺氮可采用侧施肥的办法补救，也可根外追肥，喷施 1% ～ 1.5% 的尿素液。中后期缺氮可每亩追施尿素 10 ～ 20 千克。

31. 玉米缺磷有哪些典型症状？如何补救？

玉米在整个生长发育过程中，有两个时期最容易缺磷。

第一个时期是幼苗期。如果此期磷素不足，下部叶片便开始出现暗绿色，此后从边缘开始出现紫红色；极端缺磷时，叶边缘从叶尖开始变成褐色，此后生长更加缓慢。

第二个时期是开花期。玉米开花期植株内部的磷开始从叶片和茎内向籽粒中转移，如果此时缺磷，雌蕊花丝延迟抽出，植株受精不完全，往往就会生长出籽实行列歪曲的畸形果穗。

补救办法是在缺磷的土壤上增施磷肥作基肥和种肥，也可及时叶面喷施磷酸二氢钾溶液。

32. 玉米缺钾有哪些典型症状？如何补救？

玉米幼苗期缺钾，植株生长缓慢，茎秆矮小，嫩叶呈黄色或黄褐色；严重缺钾时，叶缘或顶端呈火烧状。较老的植株缺钾时，叶脉变黄，节间缩短，根系生长发育弱，易倒伏，果穗顶部缺粒。籽粒小，产量低，壳厚淀粉少，品质差，籽粒成熟晚。

如果土壤缺钾，可多施农家肥、含钾化肥，也可叶面喷施磷酸二氢钾溶液。

33. 玉米缺锌有哪些典型症状？如何补救？

玉米缺锌时植株发育缓慢，节间变短。幼苗期和生长前期缺锌，新叶的下半部呈现淡黄色乃至白色。此叶成长后在叶脉之间出现淡黄色斑点或缺绿条纹斑，甚至可在中脉和边缘之间看到白色或黄色条纹或坏死斑，之后叶片突然变黑，有特殊金属光泽，3～5天后植株死亡。生长中后期缺锌，雌穗抽丝期和抽雄期延迟，果穗缺籽秃顶。

补救方法：叶面喷施 0.1%～0.2% 的硫酸锌溶液 2～3 次，7～10 天喷 1 次，每次每亩喷 50 千克左右。

34. 玉米秃尖缺粒现象发生的原因有哪些？

（1）品种　适应能力及对不良环境的抵抗能力不同，超过了品种的适应范围。

（2）土壤　沙性土壤，低洼易涝，耕作层过浅，蓄水保肥能力差，土壤瘠薄。

（3）营养与肥水　氮、磷、钾肥配合不当，不施或少施有机肥和微肥，尤其是磷肥、硼肥不足；中后期水分供应不足，尤其是玉米开花灌浆期缺水脱肥，玉米吐丝较晚，田间花粉减少，花粉、花丝寿命缩短。

（4）气候　生育中期连续干旱，或开花时遇高温干燥天气，土壤水分供应不足，影响了玉米雌雄穗的发育；或玉米散粉时阴雨连绵，影响了正常的开花受粉；或受粉时天气无风，受粉不良，都可造成秃尖缺粒。

（5）栽培管理　管理粗放，或种植密度过大，田间通风透光不良，光照不足。

（6）病虫害发生　由玉米各种叶斑病和玉米苗枯病、纹枯病、茎腐病等造成。

35. 如何预防玉米出现秃尖缺粒现象？

（1）选择优良的品种　选择和种植抗病性、抗虫性和适应性强的品种。

（2）改良土壤，增强土壤保水保肥的能力　提倡使用酵素菌沤制的堆肥和深耕、中耕技术，以改善土壤结构状况。

（3）合理施肥用水　增施有机肥，合理配施氮、磷、钾肥，尤其是磷肥与硼肥；要防止旱害和涝害，玉米拔节后生殖器官发育旺盛，水分供应要适时、适量。

（4）加强栽培管理　合理密植；加强中耕除草；采用大小行种植。

（5）防治病虫害　防治玉米苗枯病、纹枯病、茎腐病。

36. 什么是玉米的需水规律、需水量？

玉米的需水规律是指玉米一生中所需水量和这些水量在各个时期的分配量。出苗期至拔节期是营养生长阶段，植物体积小，生长速度较慢，耗水较少；拔节期至开花期，是营养生长和生殖生长同时进行的阶段，植株的体积和重量都迅速增加，耗水量急剧增加；开花以后，植株体积不再增大，植物有机体逐渐衰老，耗水量逐渐减少。

玉米的需水量：播种后至出苗期需水量约占全生育期需水量的

3%；出苗期至拔节期需水量约占全生育期需水量的18%；拔节期至抽雄期约占30%；抽雄期至吐丝期约占10%；灌浆期约占34%；蜡熟期至收获期约占5%。

37. 玉米灌水的关键时期在何时？

玉米在其生长发育的不同时期，对水分的敏感程度是不同的。对水分最敏感的时期叫水分关键期，也称水分临界期。此时，水分过多或缺乏都会直接影响玉米的产量。

玉米的水分关键期是孕穗到抽雄开花这段时间。因为这段时间内植物的生长发育最为旺盛，需水量也最大，加上生殖器官处于幼嫩阶段，对外界不良环境条件抵抗太差，如遇干旱必然造成减产。需水关键期越长，遇到不良气候机会越多，越需要采取防御措施。

三、常见灾害及防治技术

38. 什么是旱灾？旱灾发生特点有哪些？

干旱是一种常见的自然现象，当干旱程度超过自然界所能承受的范围，就会引发旱灾。旱灾是一种自然灾害，在世界范围内具有普遍性。通常由于土壤缺少水分，农作物失去平衡而歉收或减产进而导致粮食短缺问题，更有甚者会造成饥荒。干旱灾害同样会使得动物或者人类由于缺少充分的饮用水而导致死亡。

旱灾发生的特点具体表现如下：

(1) 发生频率高 我国每年大约有14种气象灾害（干旱、洪涝、台风、低温、风雹等）发生，其中旱灾平均每年发生7.5次。据统计，1950—1990年的41年间，有11年发生重大、特大干旱；1991—2008年的18年间，有7年发生重大、特大干旱，平均不到3年就发生1次。

(2) 持续时间长 近年来连季干旱、连年干旱的现象经常发生。1997—2000 年，北方大部分地区持续 3 年发生严重干旱。

（3）受灾范围广、经济损失大　近几年，在传统的北方旱区旱情加重的同时，南方和东部多雨区旱情也在扩展和加重，范围遍及全国。

（4）突发性和季节性较强　对于突发性旱灾，目前的预警技术还无法准确预报出干旱发生的时间与严重程度，而且季节性干旱在我国各地频繁发生，呈规律性上升趋势。

39. 玉米遭受旱灾的表现有哪些？

玉米生长期遇有较长时间缺雨，造成大气和土壤干旱或灌溉设施跟不上，不能在干旱或土壤缺水时满足玉米生长发育的需要而造成旱灾。

苗期干旱，植株生长缓慢，叶片发黄，茎秆细小。即使后期雨水调和，也不能形成粗壮茎秆，孕育大穗。

喇叭口期干旱，雌穗发育缓慢，形成半截穗，穗上部退化；严重时，雌穗发育受阻，败育，形成空穗植株。

抽雄前期干旱，雄蕊抽出推迟，造成受粉不良，形成花籽粒。

授粉期如果遇到干热天气，特别是连续 35℃以上的干旱天气，造成花粉生命力下降，影响受粉，形成稀粒棒或空棒。外观上花丝不断伸出苞叶，形成长长的胡须。

40. 玉米发生旱灾后有哪些补救措施？

（1）灌水降温　适时灌水可改善田间小气候，降低株间温度 1～2℃，增加相对湿度，有效削弱高温对作物的直接伤害。

（2）进行辅助授粉　在高温干旱期间，花粉自然散粉、传粉能力下降，尤其是异花授粉的玉米，可采用竹竿赶粉或采粉涂抹

渴死了！给点水喝吧！

等人工辅助授粉法，使落在柱头上的花粉量增加，增加选择授粉受精的机会，减少高温对结实率的影响，一般可增加结实率5%～8%。

（3）根外喷肥　用尿素、磷酸二氢钾水溶液及过磷酸钙、草木灰过滤浸出液于玉米破口期、抽雄期、灌浆期连续进行多次喷雾，增加植株穗部水分，能够降温增湿。同时，可给叶片提供必需的水分及养分，提高籽粒饱满度。

（4）应用玉米抗旱增产剂　提倡施用高美施活性液肥600～800倍液或垦易微生物有机肥500倍液、农一清液肥每亩用量500克兑水150倍喷洒；也可喷洒农家宝、促丰宝、迦姆丰收等植物增产调节剂。

41. 什么是涝灾？

涝灾属于气象灾害的一种，严格意义上讲，可分为涝害和渍害两种类型。涝害主要是指暴雨或持续降雨过后农田由于排水不畅形成积水，且积水超过农田作物耐淹承受能力；渍害是由于农田地下水位过高，导致土壤中的水分长时间处于饱和状态。但涝害和渍害绝大多数情况下是共同存在的，所以统称为涝灾。

42. 玉米发生涝灾的形态表现有哪些?

(1) **苗期** 田间持水量 90% 以上持续 3 天,玉米三叶期表现红、细、瘦弱,生长停止。连续降雨大于 5 天,苗弱、黄或死亡。

(2) **生长中期** 地面淹水深度 10 厘米,持续 3 天只要叶片露出水面都不会死亡,但产量受到很大影响。在八叶期以前因生长点还未露出地面,此时受涝减产最严重,甚至绝收。若出现大于 10 天的连阴雨天气,玉米光合作用减弱,植株瘦弱,常出现空秆。

(3) **大喇叭口期以后** 耐涝性逐渐提高。但花期阴雨,7 月下旬至 8 月中旬雨量之和大于 200 毫米或 8 月上旬的雨量大于 100 毫米,就会影响玉米的正常开花授粉,造成大量秃顶和空粒。

43. 发生涝灾后玉米减产的幅度如何?

玉米是一种需水量大而又不耐涝的作物。据观测,土壤湿度超过田间持水量的 80% 以上时,植株的生长发育即受到影响,尤其是在幼苗期,表现更为明显。玉米生长后期,在高温多雨条件下,根际常因缺氧而窒息坏死,造成生活力迅速衰退,植株未熟先枯,对产量影响很大。有资料表明,玉米在抽雄前后一般积水 1~2 天,对产量影响不甚明显,积水 3 天减产 20%,积水 5 天减产 40%。

44. 玉米发生涝灾后有哪些补救措施?

(1) 迅速排水降渍 农田长时间积水,土壤严重缺氧,玉米根系功能下降或窒息死亡。因此,暴雨后根据积水情况和地势,采用排水机械和挖排水沟等办法,尽快把田间积水和耕层滞水排出去,减少田间积水时间,做好田间沟渠的疏通、清淤工作,确保田间沟渠的排水畅通。抢排明水,降低水位,预防二次涝渍。同时,要把叶片、茎秆上的糊泥掸掉或洗净,以恢复正常的光合作用。

(2) 早扶倒伏植株 暴风雨后,玉米可能出现倒伏。倒伏后,茎叶重叠,不利于通风透光,造成田间郁闭,会引起病虫害蔓延而减产。因此,暴风雨后要尽早扶起倒伏的玉米。

(3) 及时补肥促壮 玉米受涝后,一方面土壤耕层速效养分随水大量流失;另一方面玉米根、茎、叶受伤,根系吸收功能下降,植株由壮变弱。因此,要及时补施一定量的速效化肥,促进玉米恢复生长,促弱转壮。

①根外追肥。根外追肥肥效快,肥料利用率高,是玉米应急供肥的有效措施。田间积水排出后,应及时喷施叶面肥,保证玉米在根系吸收功能尚未恢复前对养分的需求,促进玉米尽快恢复生长。玉米田每亩用 0.2%～0.3%的磷酸二氢钾＋1%尿素水溶液 45～60千克,进行叶面喷雾;每 7～10 天喷 1 次,连喷 2～3 次。

②补施化肥。植株根系吸收功能恢复后,再进行根部施肥,补充土壤养分,保证作物对养分的需要,促进植株转壮,减轻涝灾损失。玉米处于抽雄开花时期以前的地块,每亩补施 20～25 千克高浓度复合肥,并于大喇叭口期或抽雄开花时期每亩补施 7.5～10 千克尿素,促进玉米恢复健壮。

(4) 抓好中耕培土 中耕锄划培土,具有疏松土壤、散墒、促进更新发育的作用。受涝后,往往造成土壤湿度大、土壤板结、通透性差,致使玉米根系活力下降,抗倒伏能力低下。应抓住雨后晴好天气,及时中耕 1～2 次进行松土和壅根,破除板结,防止沤根,增强根系活力和植株抗倒伏能力。

(5) 强化病虫害防治　玉米受灾后，由于田间湿度大，往往病虫害会发生蔓延，因此，对受灾地块，重点做好中后期玉米螟等虫害和玉米大斑病、小斑病的防治。玉米螟防治，夏玉米心叶中期，用白僵菌粉 0.5 千克拌过筛的细沙 5 千克制成颗粒剂，投撒玉米心叶内；在出苗期末，用 50%辛硫磷乳油 1 千克，拌 50～75 千克过筛的细沙制成颗粒剂，投撒玉米心叶内杀死幼虫，每亩用颗粒剂 5～7.5 千克。防治玉米叶斑病，在玉米发病初期用 50%多菌灵可湿性粉剂或 50%代森锰锌 500～600 倍液，或 50%多菌灵粉剂 600 倍液，或 75%百菌清可湿性粉剂 800 倍液，加 0.3%的磷酸二氢钾喷雾。

(6) 对绝收地块抢时毁种　对毁种改种其他作物的地块，必须选择早熟作物及早熟品种。8 月 10 日前，可以毁种改种大白菜、萝卜、芥菜；8 月 10 日以后，可以种植香菜、菠菜、樱桃萝卜或定植大葱等早熟或耐寒的蔬菜品种。涝灾偏晚不适宜再毁种其他作物时，水浇条件好的地块可以考虑进行设施农业建设与生产，提高生产效益。

45. 阴雨、寡照对玉米生长的影响主要表现在哪些方面?

在夏玉米生育期内，常常出现阴雨、低温、寡照等不利自然气候条件，给玉米生产带来较大影响。主要表现如下：

(1) 推迟成熟期　由于低温寡照不能形成有效的积温，无法使玉米在正常成熟期内成熟，势必导致玉米成熟期向后推迟。对于小麦玉米一年两熟种植区域，甚至会因无法按时给小麦腾茬而影响小麦的正常播种。

(2) 影响籽粒灌浆　由于阴雨连绵，玉米授粉受到影响，秃尖、少粒现象时有发生并影响玉米的产量及质量。

(3) 可能导致内涝　由于降雨增多，根系生长不良，低洼地块容易受到内涝。

(4) 引起倒伏　由于寡照，光照时间明显减少等影响，玉米生长、发育不良，穗位明显上移，抗倒伏能力减弱。

（5）病虫害严重　由于玉米长时期在阴雨天气环境中，导致蚜虫、青虫、玉米螟及叶斑病、青枯病、矮花叶病等病虫害蔓延。

因此，针对不利的气候条件，<u>应立即采取有效的技术措施，促进玉米早熟，确保玉米有一个良好的收成。</u>

46. 玉米生长期阴雨、寡照的补救措施有哪些？

（1）及时清沟排湿　阴雨天气田间湿度大，对根系生长不利，应做好清沟排湿工作，做到沟沟相通，排水通畅，防涝防渍。

（2）科学施肥　对进入大喇叭口期的玉米必须重施花粒肥，可每亩追施尿素 12.0～15.0 千克，或者喷施叶面肥。

（3）及时做好病虫害防治　阴雨天气容易诱发玉米病虫害大面积发生。对已经发现纹枯病、锈病的田块，应立即采取措施。

（4）提高玉米抗倒伏能力　植株健壮生长是防止玉米倒伏的前提，可通过喷洒磷酸二氢钾或植物生长调节剂，促进玉米健壮生长，提高防风抗倒伏的能力。

（5）蜜蜂帮助授粉　人工授粉是一项比较成熟的玉米促生长措施，在玉米生产上已被广泛应用，但考虑目前青壮年劳动力外出务工、农村劳动力不足的实际，具体操作起来有一定难度。因此，可通过蜜蜂帮助玉米授粉。这样既省工省时，又能有效提高玉米的授粉质量和产量。

47. 高温热害对玉米的影响有哪些？

（1）影响雄穗发育　在孕穗阶段与散粉过程中，高温干旱对玉米雄穗产生了一定程度的伤害。当气温持续高于 35℃时不利于花粉形成，开花散粉受阻，表现为雄穗分枝变小、数量减少、小花退化、花药瘪瘦、花粉活力降低，受害程度随温度的升高和持续时间的延长而加剧。当气温超过 38℃时，雄穗不能开花，散粉受阻。这种因高温干旱导致花粉丧失授粉能力的现象，称为高温杀雄。

（2）影响雌穗发育　玉米抽雄开花期遇严重干旱或持续高温天气，高温不仅致使雌穗各部位分化异常，还会导致雌穗抽丝延迟、吐丝困难、发育不良，造成雌雄花期不协调、授粉受精率低，结实不良、籽粒瘦瘪。

（3）生育期缩短　高温天气迫使玉米生育进程中各种生理生化反应加速，各个生育阶段缩短。如雌穗分化时间缩短，雌穗小花分化数量减少、果穗变小。后期高温使玉米植株过早衰亡，提前结束生育进程而进入成熟期，灌浆时间缩短。

48. 夏玉米发生高温热害后的补救措施有哪些?

（1）叶面喷肥和调节剂　锌、硼等微量元素在植物体内能增强蛋白质的抗旱能力。芸薹素内酯等调节剂能加速植物体内碳水化合物运输。喷施磷酸二氢钾等可减轻高温伤害，提高结实率。根外喷施 0.2%～0.5%磷酸二氢钾＋0.01%芸薹素内酯150 毫升/公顷，可增强植株对高温的抗性。同时，要结合病虫害防治，做到一喷多防。

（2）及时浇水，营造小气候　针对气温高、土壤失墒快的问题，及时灌溉补墒，做到能灌尽灌，改善田间小气候，增强玉米抗高温能力，防止出现高温热害。浇水最好在 10：00 之前或 16：00以后进行。

（3）人工辅助授粉　根据土壤墒情与地温，确保散粉吐丝期玉米对水分的需求，同时降低田间温度，维持植株水分在合理的水平上，有利于授粉受精。根据高温热害具体情况，建议在 7 月底至 8 月初夏玉米雌雄穗抽出后广泛开展人工辅助授粉。

（4）**及时改种** 对于已受高温热害导致死苗绝收的田块，要及时改种生育期短的蔬菜，力争做到抢季节、保面积，种满种足，多种多收。

49. 雹灾对玉米的危害表现及危害级别有哪些？

雹灾轻重主要取决于降雹强度、范围及降雹季节与玉米的生长发育阶段。一般分为轻雹灾、中雹灾、重雹灾三级。

（1）**轻雹灾** 雹粒大小如黄豆、花生仁，直径约 0.5 厘米。降雹时有的点片几粒，有的盖满地面。玉米植株迎风面部分被击伤，有的叶片被击穿或打成线条状。对产量影响不大。

（2）**中雹灾** 雹粒大小如杏、核桃、枣，直径 1～3 厘米。玉米叶片被砸破砸落，部分茎秆上部折断。可减产 20%～30%。

（3）**重雹灾** 雹块大小如鸡蛋、拳头，直径 3～10 厘米，部分平地积雹可厚达 15 厘米，低洼处可达 30～40 厘米，背阴处可历经数日不化。玉米受灾后茎秆大部分或全部折断。减产可达 50% 以上，甚至绝产。

50. 玉米发生雹灾后有哪些补救措施?

玉米苗期由于尚未拔节，植株生长点靠近地表甚至在地表以下，所以遭受雹灾后一般不会因为植株生长点受损坏而导致死亡。雹灾引起的幼苗死亡，大多是因为雹灾时幼苗淹水或者雹灾后土壤湿度过大而导致的窒息死亡。因此，玉米苗期在遭受雹灾后一般都会逐渐恢复生长，灾后田间管理的中心任务就是尽快促进幼苗恢复生长。

(1) 扶苗　雹灾发生时常有部分幼苗被冰雹或暴雨击倒，有的则被淹没在泥水中，容易造成幼苗窒息死亡。雹灾过后，应及早将倒伏或淹没在水中的幼苗扶起，使其尽快恢复生长。

(2) 追施氮肥　受雹灾危害的玉米幼苗，由于叶片损伤严重，植株光合面积减少，光合作用微弱，植株体内营养不足。可在雹灾过后追施速效氮肥，促使幼苗尽快恢复生长。一般每亩可追施尿素10~15 千克或碳酸氢铵 25~40 千克，在距离苗行 10 厘米左右处开沟施入。

(3) 浅中耕散墒　由于雹灾发生时常常会伴随暴雨，雹灾过后土壤水分过多、过湿，或导致根系缺氧，或由于土壤温度较低而不利于幼苗恢复生长。雹灾过后，应及早进行浅中耕松土，增强土壤通透性，促进根系生长和发育。

（4）舒展叶片 植株顶部幼嫩叶片组织受雹灾危害后往往因坏死而不能正常展开，导致新生叶片（心叶）卷曲、展开受阻，影响幼苗的光合作用。雹灾过后，应及时用手将黏连、卷曲的心叶放开，以便使新生叶片及早进行光合作用。

（5）补种 因雹灾造成部分缺苗的地块，可趁墒移苗补栽或点籽补种，以减少缺苗造成的损失。

（6）毁种 一般受灾田块不要轻易毁种，只有在受灾后死苗比较严重的地块，可考虑毁种生育期比较短的夏玉米、鲜食玉米、饲用玉米、绿豆、荞麦、叶菜类蔬菜等，以弥补雹灾所造成的损失。

51. 玉米风灾的症状有哪些？

玉米拔节后，如遇 5 级以上大风，就会造成玉米倒伏，影响玉米产量。

小喇叭口期遭遇大风而出现倒伏，可不采取措施，基本不影响产量。大喇叭口期如遇大风而出现倒伏，应及时扶正，并浅培土，促根下扎，增强抗倒伏能力，降低产量损失。

玉米拔节后的 7～8 月，高温、多雨天气导致玉米生长速度加快，阴大、寡照天气易引起茎秆徒长，如遇大风极易造成玉米大面积倒伏、倒折。

52. 玉米倒伏的原因有哪些?

玉米倒伏是在玉米生长过程中因风雨或管理不当使玉米植株倾斜或着地的一种生产灾害。随着农业生产力的发展和玉米产量水平的上升,玉米高产与倒伏的矛盾越来越突出,影响玉米生产。

玉米倒伏有三种因素:一是品种,二是人为,三是天气。在这三因素中,天气因素是玉米倒伏的关键因素。

(1)品种 一般来说,植株过高,穗位过高,秆细秆弱,或次生根少的品种抗倒伏能力差,易发生倒伏。

①机械组织不发达,玉米茎秆的柔韧性、抗拉能力下降,使玉米植株的抗倒伏能力下降,发生茎倒伏。

②根系不发达。根系初期生长不良,或整地质量差,根系入土浅,气生根不发达等,浇水后一旦遇到强风或风雨交加气候时出现根倒。

③有的品种因制种不严格导致自交苗多,空秆率较高、玉米丝黑穗病、大斑病和烂心病严重,生育后期早衰严重,也容易发生倒伏。

(2)人为 密度过大、施肥不合理等。

①苗期及拔节期大水大肥、过多使用氮肥,磷、钾肥施用量不足造成营养元素失衡,引发玉米倒伏。

②苗期施肥普遍存在重氮轻磷的情况,钾肥尤其缺乏严重,而钾肥的缺乏直接导致玉米苗弱、茎秆韧性减弱。

③抽雄前生长过旺。抽雄前若玉米生长过旺,茎秆组织嫩弱,遇风即出现折断现象。

④密度过大。片面追求高密度增产,株行距过小或间苗不充分,群体内部通风、透光不良,造成玉米植株争肥争水,植株茎秆发育纤细、脆弱,节间拉长,株高增加,穗位增高,遇大风大雨易造成倒伏。

(3)天气 拔节期的阴雨寡照和灌浆期的暴风骤雨。

53. 玉米倒伏的类型有哪些?

根据倒伏的状况一般分为根倒伏、茎倒伏和茎倒折3种类型。

（1）**根倒伏** 玉米植株自地表处连同根系一起倾斜歪倒。玉米不弯不折，只是植株的根系在土壤中固定的位置发生改变。根倒伏多发生在玉米生长拔节以后，因暴风骤雨或灌水后遇大风而引起。

（2）**茎倒伏** 植株中上部弯曲、匍匐，即玉米植株根系在土壤

中固定的位置不变，而植株的中上部分发生弯曲的现象。一般株高30厘米之前生长正常，而后发生倒伏，表现出匍匐生长的习性，对产量影响最轻。茎倒伏多发生在密度过大的地块或茎秆韧性好的品种上。

（3）茎倒折　玉米植株拔节后倒伏，是从基部某节位折断，茎秆折断的部位有的是幼嫩的节、有的是节间。即玉米植株根系在土壤中固定的位置不变，茎秆又不弯曲，从茎的某一节间折倒。茎秆发育不良和瞬间强风是引起茎折的主要原因。此外，种植密度过大，田间透光通风效果差，造成茎秆细高也容易引起茎折。病虫防治不到位，如玉米螟危害引起的玉米茎折对产量影响最大。

54. 如何预防玉米倒伏？

（1）把好密度关　定苗时稀植大穗品种如安玉12、鲁单981，每亩留苗2 800～3 000株；高密品种浚单20、郑单958、洛玉4号、驻玉309等，每亩留苗4 000～4 500株；中密度品种济单8号，每亩留苗3 500株。

（2）适时化控　在玉米7～11片可见叶时，进行化控。化控的药品品牌很多，按照要求化控。一般亩用30毫升兑水15～20千克叶面一次喷施。若 7 月阴雨寡照，苗期没有进行化控，可在一块地有 1～3 株玉米雄穗露尖时化控。化控用玉米健壮素，每亩 20～30 毫升兑水 15～20 千克均匀叶面喷施。

（3）**隔行去雄** 在玉米抽雄期隔行去雄，散粉后雄穗全部去完，也有一定的防倒效果。

55. 玉米发生倒伏后有哪些补救措施？

（1）玉米在孕穗期前倒伏，不可动，不可扶。倒伏后 3 天之内能自然折起。靠近地面的茎节迅速扎根。由于根量增加，不会再有二次倒伏，对产量没有影响。一旦扶起，必然伤根，并且不再扎根，不仅影响产量，且又容易发生二次倒伏。

（2）玉米在抽雄后倒伏，不可剪叶，不可去头。只能扶起扎把。据河南省郸城县农业科学研究所成熟期调查叶片数：未倒的玉米每株 8.4 片绿叶，扎把的 6.2 片绿叶，未扶的 3.5 片绿叶。扎把时，把果穗扎到绳子上边，不可把果穗扎到下边。扎把的数量以 3～4 株为好。不可超过 5 株，超过 5 株则再遇暴风雨易折断。

（3）扎把时要扎紧，不能松动。

（4）扎把要求当天倒、当天扎完，最多不能超过 3 天。3 天后不能再扶，再扶伤根反而更加减产。

56. 玉米常见的病害有哪些？如何防治？

病害是影响玉米生长发育的主要灾害，可导致玉米产量常年损失在 6%～8%。近年来，由于全球气候的变化、栽培制度的改变以及抗病品种的更换，各种病害的发生日趋严重。

（1）**斑病** 玉米斑病分为大斑病、小斑病、褐斑病与弯孢菌叶斑病，这类病害主要危害玉米的叶片、苞叶和叶鞘，导致叶片不能进行正常的光合作用，因而衰老。

①大斑病的特点是斑点最长可达到 30 厘米，部分病斑可连成一片形成不规则的大斑，斑点如水浸状。

②小斑病的特点是斑点相对较小，通常在1厘米之内，类似椭圆形，绝大部分颜色为深褐色。

③褐斑病的特点是病斑首先发生在顶部叶片的尖端，病斑初为浅黄色，逐渐变为褐色、红褐色或深褐色，圆形或椭圆形，直径约为1毫米，在叶鞘和茎秆上的病斑较大，直径可达3毫米。

④弯孢菌叶斑病的特点是初生褪绿小斑点，逐渐扩展为圆形至椭圆形褪绿透明斑，中间枯白色至黄褐色，边缘暗褐色，四周有浅黄色晕圈。

46

对于大斑病、小斑病的防治，可采用 75％代森锰锌等药剂 500～800 倍液，每周喷施 1 次，连续喷施 2～3 次。褐斑病的防治可用 25％粉锈宁可湿性粉剂 1 000～1 500 倍液，或 50％多菌灵可湿性粉剂 500～600 倍液，或 70％甲基托布津可湿性粉剂 500～600 倍液等杀菌剂进行叶面喷洒，能起到较好的预防效果。弯孢菌叶斑病的防治，可采用 50％百菌清、50％多菌灵、70％甲基托布津 400～500 倍液等。

（2）**黑粉病** 黑粉病属于局部寄生性病害，主要侵害部位是玉米植株的幼嫩处，并逐渐侵染到玉米植株的各个部位，发病部位会出现不同大小的白色病瘤，之后瘤体逐渐变成黑色，直到病瘤成熟后破裂，散播出黑色菌粉，黑粉瘤会将植株的大量养分吸收掉，最严重时可导致玉米产量降低 80％左右。

玉米黑粉病多出现于玉米抽雄期，在幼苗期间很少出现。其防

治方法主要如下：

①使用含有戊唑醇或三唑酮的高效低毒玉米种衣剂进行种子包衣，也可单独使用戊唑醇、三唑酮或福美双等药剂拌种。

②在玉米出苗前地表喷施杀菌剂（除锈剂）；在玉米抽雄前喷50％的多菌灵或50％福美双；或者在玉米即将抽雄时采用1％的波尔多液喷雾，防治1～2次，可有效减轻病害。

③彻底清除田间病株残体，带出田外深埋；进行秋深翻整地，把地面上的菌源深埋地下，减少初侵染源；避免用病株沤肥，粪肥要充分腐熟。

（3）黑穗病　玉米黑穗病的危害部位主要是玉米的果穗和雄穗。当雄穗发病时，局部或整个花器会发生变形，颖片增多，类似于叶片形状，基部膨大，其内部均为黑粉。果穗发病时，细菌会破坏苞叶之外的其他所有部位，受害果穗较短，基部粗，顶端尖，近似球形，不吐花丝。黑穗病与黑粉病的唯一不同之处就是黑穗病不会产生大的病瘤。

黑穗病的主要防治措施如下：

①及早拔除病株。在病穗白膜未破裂前拔除病株，特别对抽雄迟的植株注意检查，连续拔几次，并把病株携出田外，深埋或烧毁。

②药剂拌种或种子包衣是控制该病害最有效的措施。可于玉米播前按药种 1∶40 进行种子包衣或用 10％烯唑醇乳油 20 克湿拌玉米种 100 千克，堆闷 24 小时，可有效防治玉米丝黑穗病。也可用种子重量 0.3％～0.4％的三唑酮乳油拌种或 40％拌种双或 50％多菌灵可湿性粉剂按种子重量 0.7％拌种。此外，还可用种子质量 0.7％的 50％萎锈灵可湿性粉剂或 50％敌克松可湿性粉剂、种子质量 0.2％的 50％福美双可湿性粉剂拌种。

③于玉米抽雄期采用 1％的波尔多液喷雾，能有效减轻黑穗病的再次侵染，从而保证玉米植株的正常抽雄。

（4）青枯病　玉米青枯病是一种危害非常严重的病害，主要发

生在玉米灌浆期，危害的主要是玉米的根和茎底部，属于土壤传播的真菌病害。发病初期根系局部产生淡褐色水渍状病斑，随着病情发展，病斑逐渐扩展到整个根系，根系呈褐色腐烂状，最后根系空心，根毛稀少，植株易被拔起；病株叶片自上而下呈水渍状，很快变成青灰色，然后逐渐变黄；果穗下垂，穗柄柔韧，不易被掰下；籽粒干瘪，无光泽，千粒重下降。

玉米青枯病的防治措施主要如下：

①因地制宜选用抗病品种，如郑单958、农大108等。

②进行合理轮作，避免重茬，提倡与棉花、大豆、甘薯、花生等作物轮作可降低土壤中的病原菌数量，减轻病害发生。

③结合中耕进行培土，降低土壤湿度，增强玉米根系吸收能力；前期增施磷、钾肥，提高植株抗性，后期如遇降雨，应及时排干田间积水。

④及时清除田间病残体并集中烧毁，收获后深翻土壤，杀灭病原菌，可以有效减少初侵染源。

(5) 根腐病　玉米根腐病是腐霉菌引起的病害，主要表现为中胚轴和整个根系逐渐变褐、变软、腐烂，根系生长严重受阻，植株矮小，叶片发黄，幼苗死亡。

根腐病的防治方法如下：

①播种前采用咯菌腈悬浮种衣剂或满适金种衣剂包衣。

②加强田间栽培管理，喷施叶面肥。

③结合中耕除草，降低土壤湿度，促进根系生长发育。

④发病严重地块可选用72％代森锰锌·霜脲氰可湿性粉剂600倍液，或58％代森锰锌·甲霜灵可湿性粉剂500倍液喷施玉米苗基部或灌施根部。

(6) 茎腐病　茎腐病是玉米茎部或茎基部腐烂而导致全株在短时间内枯死的病害，又被称为茎基腐病。其症状表现为植株叶片突然萎蔫，呈现黄色或青灰色干枯状，茎基部软空。剖开茎秆后可见内部组织腐烂，为褐色或黑色，病害严重的呈现红色或白色菌丝，维管束丝状游离。另外，果穗倒垂、穗柄柔软，不容易掰离，籽粒呈干瘪状、不饱满。

茎腐病的防治措施如下：

①选择抗病性好的品种。根据当地自然气候条件特点以及土壤状况选育和引种合适的抗病品种，是防治玉米茎腐病的有效措施。目前，郑538、郑单1002、郑单958、诺达1号等均属于杂交种中抗茎腐病较强的品种。

②轮作倒茬。多年小麦和玉米连作、秸秆还田、持续旋耕是夏播区玉米茎腐病呈上升趋势的重要诱因。因此，调整种植结构，将玉米与其他非寄主作物进行轮作，如水稻、土豆、蔬菜等作物进行2～3年轮作，避免病原菌在土壤中积累。

③适时深翻。减少秸秆还田次数，隔2～3年深翻1次土壤，将病残体与病原菌集中的上土层深埋，可有效防控茎腐病。

④药剂拌种。选择玉米生物型种衣剂按1∶40比例进行拌种处理，或采用诱抗剂（氟乐灵）浸种处理，可有效防治茎腐病。或拌种时加入多菌灵和咯菌腈、适乐时等药剂，也能在一定程度上预防玉米茎腐病。

⑤科学施肥。施足基肥，增施钾肥和有机肥可以降低茎腐病发生率。另外，种肥同播时在肥料中掺混木霉菌剂，对苗期根腐、茎基腐及后期茎腐也有较好防效。

⑥防止涝渍。玉米田长时间淹水或湿度过大会导致土壤透气性不良，也加重茎腐病发生。因此，雨季要遇涝随排，水退后及时补施锌、钾肥。

⑦药物喷雾。发病初期可利用药物喷雾法进行防治，一般可选用的药剂包括50％的多菌灵可湿性粉剂500倍液、70％百菌清可湿性粉剂800倍液、65％代森锰锌可湿性粉剂500倍液、50％苯菌灵可湿性粉剂1 500倍液。

（7）穗腐病 玉米穗腐病主要危害玉米果穗及籽粒。发病初期表现为果穗花丝呈黑褐色，水浸状，果穗顶部或中部出现粉红色、黑灰色或暗褐色霉层。严重时，穗轴或整穗玉米腐烂。病粒无光泽，不饱满，质脆，内部空虚，常为交织的菌丝所充塞。果穗病部苞叶常被密集的菌丝贯穿，黏结在一起贴于果穗上不易剥离。

玉米穗腐病的防治措施主要如下：

①选择早熟、抗逆品种。目前，生产上种植的玉米品种大多生育期偏长，收获时籽粒含水量偏高，机械收获时籽粒破损严重，导致穗腐病发病较重。因此，选择早熟、抗病、抗虫品种有利于抵御病原菌的侵入。

②种衣剂包衣。播种前将种子在阳光下暴晒杀菌消毒，并用种衣剂进行包衣，可减少种子自带病菌和土壤中病菌侵害。

③药剂喷洒。在玉米授粉前后 10～15 天，用浓度 30％的杀虫剂进行集中喷洒，减少虫害造成的伤口，防止病原菌的入侵，可有效防止穗腐病的发生。此外，在玉米吐丝期用 65％代森锰锌可湿性粉剂 400～500 倍液喷施果穗，也可预防病菌侵入果穗。

④清除病株。收获后及时清除田间病株残体，减少田间越冬病原菌菌量，防止病原菌的继续侵染和扩散。

⑤合理储藏。成熟后及时收获，在玉米储藏前要充分晾晒，降低玉米籽粒含水量，将病粒、瘪粒和有虫口的籽粒筛选出去，防止病菌因储藏时温度高、湿度大而感染蔓延。

（8）锈病　玉米锈病主要侵害叶片，严重时果穗苞叶和雄花上也可发生。植株中上部叶片发病重，最初在叶片正面散生或聚生不明显的淡黄色小点，以后突起，并扩展为圆形至长圆形，黄褐色或褐色，周围表皮翻起，散出铁锈色粉末。后期病斑上生长圆形黑色突起，破裂后露出黑褐色粉末。

该病借气流传播，进行再侵染，蔓延扩展。生产上早熟品种易发病，偏施氮肥发病重，高温、多湿、多雨、有雾、光照不足，也利于玉米锈病的流行。在夏玉米生产区，一般 7 月中旬开始侵染，8 月底是发病盛期。

玉米锈病的主要防治措施如下：

①选用抗病品种。选择生育期长的马齿型品种。

②合理施肥。根据玉米需肥种类合理施用，增施磷、钾肥，避免偏施、只施氮肥，提高寄主抗病力。

③加强田间管理。清除田间杂草和病残体，集中深埋或烧毁，以减少侵染源。

④药剂防治。发病初期喷药，可选用药剂有：25％三唑酮可湿性粉剂 1 500～2 000 倍液、50％硫黄悬浮剂 300 倍液、30％固体石硫合剂 150 倍液、25％敌力脱乳油 3 000 倍液或 12.5％烯唑醇可湿性粉 4 000～5 000 倍液，每隔 10 天左右喷 1 次，连续防治 2～3 次。

(9) 粗缩病 粗缩病整个生育期都可感染发病，以苗期受害最重，5～6 片叶即可显症。植株茎节缩短变粗，严重矮化，叶片浓绿对生，宽短硬直，状如君子兰；顶叶簇生，心叶卷曲变小；叶背及叶鞘的叶脉上有粗细不一的蜡白色突起条斑。苗期得病，不能抽雄结实，往往提早枯死；拔节后得病，上部茎节缩短，虽能结实，但雄花轴缩短，穗小畸形；生长后期感病症状不明显，但千粒重有所下降。

该病由灰飞虱传播，不经土壤、种子、病草、病汁液及其他昆虫传播。在北方玉米区，春玉米以 4 月中旬以后播种的发病重，播期越晚，感病越重。夏玉米以麦套玉米感病重、直播玉米感病轻，且早播的重、晚播的轻。

玉米粗缩病的主要防治措施如下：

①选用抗病品种。

②调整播期。根据玉米粗缩病的发生规律，适当调整播期，使玉米对病害最为敏感的生育时期避开灰飞虱成虫盛发期，降低发病率。春播玉米应当提前到 4 月中旬以前播种；夏播玉米则应在 6 月中上旬为宜。

③提前预防。在小麦返青后，用 25% 扑虱灵 50 克/亩喷雾。喷药时，麦田周围的杂草上也要进行喷施，可显著降低虫口密度，必要时可用 20% 克无踪水剂或 45% 农达水剂 550 毫升/亩，兑水30 千克，针对田边地头进行喷雾，杀死田边杂草，破坏灰飞虱的生存环境。

57. 玉米常见的虫害有哪些？如何防治？

(1) 草地贪夜蛾 草地贪夜蛾原生于美洲热带和亚热带地区，2016 年 1 月入侵东非地区后，很快蔓延到撒哈拉以南的 44 个国家。2018 年 12 月 11 日从缅甸迁入中国，到 2019 年 10 月已扩散至我国 26 个省份。草地贪夜蛾入侵后很快进入严重发生阶段，对非洲和亚洲许多国家的玉米等农作物生产造成了重大影响。

①危害特征。

a. 暴食性。草地贪夜蛾在美洲分化出玉米型和水稻型，前者喜食玉米，后者喜食水稻。入侵中国各地种群经分子鉴定已证实为玉米型。其幼虫具有暴食性，常群体出动，一天能啃光一片玉米地。玉米苗期受害一般可减产10％～25％，严重危害田块可造成毁种绝收。据统计，草地贪夜蛾2018年在非洲造成的经济损失高达10亿～30亿美元。

b. 繁殖快。一只雌蛾每次可产卵100～200粒，一生可产卵900～1 000粒，且卵到成虫只需3～4周。

c. 迁飞性强。草地贪夜蛾一晚可飞行100千米，雌蛾在产卵前可迁飞500千米。

②防控措施。

a. 源头管控。草地贪夜蛾在中国的周年发生区主要在1月日均温度10℃等温线以南的区域，包括海南、广东、广西、云南和福建等省份的热带、南亚热带地区。因此，控制南方周年发生区的繁衍种群和国外迁入种群是全国草地贪夜蛾防控工作的关键着力点。要通过春季成虫迁飞的源头管控，最大限度地减少向长江流域及其以北地区的迁飞数量。

b. 种群监测预警。采用性诱捕或灯光诱捕的方式进行种群监测预警。性诱捕具有很强的灵敏性，适合种群发生早期低密度下的监测工作，也可通过测量雄蛾精巢长轴长度推断雌蛾的生殖发育和产卵动态。由于草地贪夜蛾的趋光性明显低于棉铃虫等其他夜蛾类害虫，灯光诱捕的方法不够灵敏，但可用于高密度下的种群监测，其优点是可以通过解剖雌虫卵巢判断虫源迁入迁出性质和产卵动态。

c. 灯光诱杀。灯光诱杀成虫可降低产卵量，杀死 1 头未产卵的成虫，相当于保护了 1 亩地的作物。

d. 化学防治。如果田间作物上的种群数量显著超过防治指标，就要尽快喷施氯虫苯甲酰胺、甲氨基阿维菌素苯甲酸盐（甲维盐）或乙基多杀菌素等高效化学农药。为延缓草地贪夜蛾的抗性发展，不要连续施用相同杀虫机制的化学农药。苏云金杆菌和白僵菌、绿僵菌等微生物农药具有保护生态环境的优点，但防效较低、速效性差，适用于种群密度低或者高湿等利于疾病流行的环境。

(2) 沙漠蝗虫　蝗虫俗称蚱蜢，属于直翅目蝗科，是不完全变态昆虫。该虫具有杂食性、暴食性、突发性、迁飞性的特点，是一种易暴发成灾的害虫。

①危害特点。若虫只能跳跃，成虫可以飞行，也可以跳跃。该虫生存力强，适应性广，在坝区、山区、低洼地区、半干旱区都能生长繁殖。该虫口器坚硬，以若虫、成虫咬食植物的叶和茎，发生轻时咬食嫩枝、嫩叶，发生重时将叶片或茎秆全部吃光，甚至咬坏穗颈和乳熟的籽粒，造成严重减产。

②防控措施。

a. 及时清除田间地头杂草，并进行深翻晒地，消除蝗虫产卵场所。

b. 人工捕捉蝗虫。

c. 生物防治技术。使用杀蝗绿僵菌防治时，可进行飞机超低容量喷雾或大型植保器械喷雾。使用蝗虫微孢子虫防治时，可单独使用或与昆虫蜕皮抑制剂混合进行防治。

d. 化学防治技术。主要在高密度发生区采取化学防治。可选用的高效、低毒药剂有：20％氯虫苯甲酰胺乳油 3 000 倍液或 30％阿维灭幼脲悬浮剂 2 000～3 000 倍液或 1.8％阿维菌素乳油 3 000～4 000 倍液或 5％氟氯氰菊酯乳油 2 000～3 000 倍液或苏云金杆菌（Bt）水剂 500～1 000 倍液或 50％氟虫脲乳油 1 000～1 500 倍液等进行喷雾防治。对蝗虫发生数量多的田块，药剂防治 2～3 次以上。为保证药剂防治效果、避免施药人员中毒，建议在阴天、早晨或傍晚进行。

(3) 二点委夜蛾 二点委夜蛾主要以幼虫躲在玉米幼苗周围的碎麦秸下或在 2～5 厘米的表土层危害玉米苗，一般一株有虫 1～2 头，多的达 10～20 头。在玉米幼苗 3～5 叶期，幼虫主要咬食玉米茎基部，形成 3～4 毫米圆形或椭圆形孔洞，切断营养输送。在玉米苗较大（8～10 叶期）的地块幼虫主要咬断玉米根部，包括气生根和主根。受危害的玉米田轻者玉米植株东倒西歪，重者造成缺苗断垄，玉米田中出现大面积空白地，严重者造成玉米心叶萎蔫枯死。二点委夜蛾喜阴暗潮湿、畏惧强光，一般在玉米根部或者湿润的土缝中生存，遇到声音或药液喷淋后呈 C 形假死。

二点委夜蛾的防治措施主要如下：

①及时清除玉米苗基部麦秸、杂草等覆盖物，消除其发生的有利环境条件。清理麦秸麦糠后使用 36 型机动喷雾机，将喷枪调成水柱状直接喷射玉米根部。

②培土扶苗。对倒伏的大苗，在积极进行除虫的同时，不要毁苗，而应培土扶苗，力争促使今后的气生根健壮，恢复正常生长。

③撒毒饵。亩用克螟丹 150 克加水 1 千克拌麦麸 4～5 千克，顺玉米垄撒施。亩用 4～5 千克炒香的麦麸或粉碎后炒香的棉籽饼，与 48％毒死蜱乳油 500 克拌成毒饵，于傍晚顺垄撒在玉米

苗边。

④撒毒土。亩用 80％敌敌畏乳油 300～500 毫升拌 25 千克细土，于早晨顺垄撒在玉米苗边，防效较好。

⑤随水灌药。亩用 50％辛硫磷乳油或 48％毒死蜱乳油 1 千克，在浇地时灌入田中。

⑥全田喷雾。可选用 4％高氯甲维盐 1 000～1 500 倍液对玉米幼苗、田块表面进行全田喷施。

⑦药液灌根。将喷头拧下，逐株顺茎滴药液，或用直喷头喷根茎部。药剂可用 2.5％高效氯氟氰菊酯、农喜 3 号 1 500 倍液、48％毒死蜱乳油 1 500 倍液、30％乙酰甲胺磷乳油 1 000 倍液，或 4.5％高效氟氯氰菊酯乳油 2 500 倍液。药液量要大，保证渗到玉米根围 30 厘米左右的害虫藏匿的地方。

（4）玉米螟　玉米螟俗称钻心虫，其幼虫属于钻蛀性害虫，主要攻击玉米的叶心，蛀穿的叶心在展开后会在叶片上有一排钻蛀形

成的小孔。玉米螟幼虫一般在玉米雄穗抽出后侵入，幼虫会直接钻入雄花并会使之于基部折断。此后，幼虫会转移到玉米雌穗中危害雌穗的花丝苞叶及籽粒等。

玉米螟的防治方法主要如下：

①收获后及时处理越冬寄主秸秆，在越冬幼虫化蛹羽化前处理完毕，减少化蛹羽化的数量。

②人工摘除。发现玉米螟卵块，人工摘除，田外销毁。

③化学防治。在喇叭口期，玉米螟处于卵孵化盛期至幼虫 2 龄期，每亩用 16 000 国际单位/微升苏云金杆菌悬浮剂 1 000 倍液喷施心叶，隔 1 周喷 1 次，连喷 2～3 次。或在喇叭口期用 8 000 国际单位/毫克苏云金杆菌可湿性粉剂拌细沙制成毒沙（一般每亩用可湿性粉剂 200 克加细沙 5 千克配成），灌撒在玉米心叶中。

④杀虫灯诱杀。根据在夜间活动玉米螟成虫的习性，设置高压汞灯、黑光灯等可杀死玉米螟成虫。这种方法不仅能对玉米螟成虫有效诱杀，还能杀死其他具有趋光性的害虫。

⑤释放赤眼蜂。在玉米螟产卵期释放赤眼蜂，选择晴天大面积连片放蜂。放蜂量和次数根据螟蛾卵量确定。一般每公顷释放 15 万～30 万头，分两次释放，每公顷放 45 个点，在点上选择健壮玉米植株，在其中部一个叶面上，沿主脉撕成两半，取其中一半放上蜂卡，沿茎秆方向轻轻卷成筒状，叶片不要卷得太紧，将蜂卡用线、钉等钉牢。

⑥信息素诱杀。根据玉米螟对性诱剂有较强烈反应，可用人工合成的玉米螟性信息素诱芯（含量 100～400 微克）或直接从雌虫腹部提取性信息物制成诱芯，在田间诱杀雄虫，降低雌虫交配率和繁殖系数。具体方法为：成虫发生期将 1 个直径 20 厘米的水盆架在高于玉米植株顶部 30 厘米的地方，盆中盛水并加入少许洗衣粉，用铁丝将诱芯悬空挂在水盆中央，使雄虫在围绕诱芯飞舞时落水而死，每天将水盆中的死蛾捞出并添加水和洗衣粉。每亩挂放 1 个玉米螟信息素诱捕器即可，约 30 天更换 1 次诱芯。

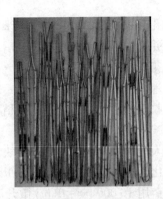

（5）黏虫 玉米黏虫又名"行军虫"，这种虫害通常具有暴发性，对于玉米植株具有毁灭性的危害。感染初期，黏虫主要依附于植株表面，啃食植株叶片。随着虫龄增长，会逐渐进入玉米叶鞘、叶心等位置，啃食的痕迹呈半透明带状斑。幼虫生长至5～6龄时对植株危害最大，对叶片、穗轴的啃食也最为明显。

黏虫的防治措施主要如下：

①对幼虫的防治，可亩用50%辛硫磷乳油75～100克、或40%毒死蜱乳油75～100克、或20%灭幼脲3号悬浮剂500～1000倍液，兑水40千克均匀喷雾。

②对成虫防治，要利用黏虫成虫趋光、趋化性，采用糖醋液、性诱捕器、杀虫灯等无公害防治技术诱杀成虫，以减少成虫产卵量，降低田间虫口密度。

（6）地老虎 地老虎具有多个种类，其中危害玉米的主要是黄地老虎与小地老虎。地老虎主要在夜间活动，以玉米幼苗为食物，可将幼苗接近地面的茎干咬断，导致玉米植株死亡，严重时可使玉米地断垄。

地老虎的防治措施主要如下：

①人工捕杀。在虫量较少、害虫个体较大而发生面积较小时，可进行人工捕捉。如地老虎幼虫长至4～5龄时开始危害，每天早晨检查玉米幼苗，发现被害植株时，扒开附近表土，即可找到害虫，人工捕杀，坚持10～15天。

②撒毒饵。播种后即在行间或株间进行撒施。用豆饼或麦麸20～25千克，压碎、过筛成粉状，炒香后均匀拌入40％辛硫磷乳油0.5千克，农药可用清水稀释后喷入搅拌，以豆饼或麦麸粉湿润为好，然后按每亩用量4.0～5.0千克撒入幼苗周围；或者用青草切碎，每50千克加入农药0.3～0.5千克，拌匀后成小堆状撒在幼苗周围，每亩用毒草20千克。

③利用杀虫灯诱杀。诱杀成虫可大大减少第一代幼虫的数量。每30～40亩安装1盏频振式或太阳能杀虫灯，安装高度1.8～2米，20：00至次日5：00开灯，可诱杀小地老虎等趋光性害虫的成虫，并每天及时处理所诱捕害虫的尸体。

④化学防治。在地老虎1～3龄幼虫期，采用48％毒死蜱乳油2 000倍液、2.5％高效氯氟氰菊酯乳油3 000倍液、20％氰戊菊酯乳油3 500倍液等地表喷雾。

（7）蚜虫 玉米蚜虫又叫玉米蜜虫、腻虫等，是禾本科植物的重要害虫。玉米蚜虫以刺吸植物汁液，苗期均集中在心中叶内危害。在危害的同时分泌"蜜露"，发病时可在玉米叶片上形成黑色片状物，影响其光合作用。玉米蚜虫具有数量多、善于聚集的特点，且繁殖速度快，传播较广。

蚜虫的防治措施主要如下：

①药剂拌种。在每次播种前，使用适量的吡虫啉、噻虫嗪等药剂拌种。

②生物防治。大力养殖其天敌，如步行虫、瓢虫、寄生蜂、蟹蛛等。

③色板诱杀。利用蚜虫对黄色有趋性的特性，每亩挂 20～25 块涂上黏液或蜜液的黄色粘虫板，挂放高度以高于生长期玉米植株顶端 30 厘米左右为宜，可诱杀有翅蚜虫的成虫。

④化学防治。在玉米拔节期喷洒 40％乐果乳油 1 500 倍液，或 10％吡虫啉 1 500 倍液，或 5％啶虫脒 800 倍液；或者在玉米大喇叭口末期，每亩用 3％呋喃丹颗粒剂 1.5 千克，均匀灌入玉米心内。

(8) 蓟马 蓟马主要危害玉米心叶，同时释放出黏液，致使心叶不能展开。随着玉米的生长，玉米心叶形成"鞭状"，轻者叶片扭曲、破碎，重者造成玉米苗顶部分叉，后期不能结穗。如不及时采取措施，就会造成减产，甚至绝收。

蓟马成虫行动迟缓，多在叶子反面危害，造成不连续的银白色食纹并伴有虫粪污点，叶正面相对应的部分呈现黄色条斑。成虫在取食处的叶肉中产卵，对光透视可见针尖大小的白点。

蓟马的防治措施主要如下：

①及时拔除虫苗，并带出田外沤肥，可减少蓟马蔓延危害。

②对于已形成"鞭状"的玉米苗，可用锥子从鞭状叶基部扎入，从中间划开，让心叶恢复正常。

③色板诱杀。蓟马对蓝色具有强烈的趋性，可以在田间挂蓝板，诱杀成虫。

④化学防治。每亩用 10％吡虫啉可湿性粉剂，或 4.5％高效氯氰菊酯 1 000～1 500 倍液，或 20％氰戊菊酯乳油 3 000 倍液；或 3％啶虫脒可湿性粉剂 10 克兑水 30 千克均匀喷雾，药液着重喷洒在玉米心叶内，可同时兼治蚜虫。

(9) 红蜘蛛 红蜘蛛也叫叶螨，属暴发性的农业害螨，以成螨和若螨刺吸作物汁液，危害严重时，被危害的叶片呈现出黄色斑点，然后叶片逐渐变白、干枯，籽粒干瘪，对玉米生产造成严重影响。

红蜘蛛的防治措施主要有：

①人工防治。发现虫卵要及时刮掉，并使用石灰水杀死越冬卵。

②农业防治。玉米种植前进行整地及深耕，消除杂草等红蜘蛛生长所需要的食物，同时将处于石缝及土缝间的红蜘蛛翻至土壤深层，因而杀死越冬红蜘蛛，从而有效控制红蜘蛛基数。

③化学防治。在玉米生长前期用40%水胺硫磷乳油1 000倍液或40%氧化乐果乳油1 500倍液；中后期用0.2%阿维虫清乳油2 500倍液或1.8%虫螨克乳油3 000倍液进行喷雾防治。天气持续干旱时，间隔10～15天喷雾1次，连施2～3次。

四、收获及秸秆处理技术

58. 适期收获的标准是什么?

根据对夏玉米成熟指标的观察，夏玉米苞叶发黄大多发生在授粉后40天左右。根据对夏玉米籽粒灌浆速度的测定，此时仍处于夏玉米直线灌浆期，这时的粒重仅是最终粒重的90%，在苞叶发黄时收获势必降低夏玉米产量。苞叶发黄是一个量变过程，不能作为夏玉米成熟定量标准。

夏玉米的收获适期为完熟初期到完熟中期为宜。这时果穗苞叶松散，籽粒内含物已经完全硬化，指甲不易掐破。籽粒表面具有鲜明的光泽，靠近胚的基部出现黑色层。籽粒灌浆是从籽粒上部开始逐渐向下进行的，籽粒上部淀粉充实部分呈固体状，与下部未充实的乳状间有一条明显的线，从胚的背面看非常明显，称为"乳线"。随着灌浆的进行，乳线逐渐下移，在授粉48天左右乳线基本消失，达到成熟。

通过多年的田间观察，确定夏玉米成熟的标准有以下几方面：

（1）在正常年份，在玉米授粉后50天左右，灌浆期所需有效积温已经足够时。

（2）籽粒黑色层和乳线消失后。

（3）果穗苞叶变黄后 7～10 天。

（4）籽粒已硬化并呈现出该品种固有的光泽时。

（5）籽粒含水率一般在 30％以下。

参照以上标准，结合果穗外观形态变化的观察和剥苞鉴定即可确定最佳收获期，得到理想的产量。

59. 玉米收获前为什么不能削叶打顶？

目前，个别地区农民有在玉米生长后期削叶打顶的习惯。片面地认为玉米果穗已经长成，削去果穗顶部叶片或者老叶不但不影响果穗大小，还可以促进玉米早熟，减少养分竞争。殊不知，尽管生长后期玉米果穗已经形成，但是籽粒仍在灌浆，籽粒的大小轻重还未确定，削顶打叶减少了叶面积，可引起玉米大幅度减产。据研究，乳熟期去掉雌穗以上五六个叶片，减产幅度可达 30％～35％；蜡熟期打顶也会减产 15％以上。因为叶片是玉米进行光合作用的主要器官，玉米生长后期根系老化，上部叶片生活力旺盛，灌浆过程主要依靠茎叶制造和输送养分，去掉上部叶片，会严重影响千粒重和产量。

60. 常用的促玉米增产方法有哪些?

（1）延长后期叶片寿命 影响后期叶片寿命的关键是肥水和病虫草害。植株后期脱肥，叶片含氮量少，叶色变黄，叶绿体减少，使光合强度减弱，降低光能利用率。常见的延长后期叶片寿命的方法如下：

①在玉米开花期，可喷洒0.3%的磷酸二氢钾加2%的尿素及硼、钼微肥混合液（亩用1.5千克尿素加250克磷酸二氢钾，兑水50千克），这些都能促进玉米籽粒的形成，提高抗逆性，提高产量。

②及时防治病虫草害，减轻病虫草对玉米后期的危害程度，也能提高光能利用率，提高产量。因此，要做好黏虫、蚜虫和玉米螟的生物防治，以减少玉米损失。

（2）隔行去雄 玉米去雄是一项简单易行的增产措施。农民有"玉米去了头，力气大如牛"的说法。玉米去雄好处如下：

①可将雄穗开花所需的养分和水分，转而供应给雌穗生长发育需要。

②减轻玉米上部重量，有利于防止倒伏。

③雄花在植株顶部，去掉一部分雄花，防止遮光，有利于玉米光合作用，特别是密度大时更为重要。

（3）除去无效株和果穗 玉米植株上除上部果穗外，光热条件适宜第二、第三果穗可发育，应及时除去，依靠单穗进行增产。这样既可使有效养分集中供应主穗，又能促进早熟。玉米掰小棒的方法是：当小棒刚露出叶梢时，用小刀划开叶梢掰除。注意不要伤害茎、叶。同时，将不能结穗的植株、病株拔除，既节水省肥又有利于通风透光。

（4）人工辅助授粉 玉米雌穗花花丝抽出一般比雄穗开花晚3～5天。在玉米开花授粉期间如遇到低温阴雨等不利天气，使授粉不良，易造成缺粒秃尖。因此，对授粉不好的地块或植株，要进行人工辅助授粉以提高玉米结实率，减少秃尖。人工辅助授粉要选择玉米盛花期进行。工作时,可用硫酸纸袋采集多株花粉混合后,分别给授粉不好的植株授粉。在大面积应用上也可于盛花期用绳拉法、摇株法授粉。每隔2~3天进行1次,连续进行2~3次。

(5) 及时清除大草 在玉米灌浆后期及时拔除大草,会促进土壤通气增温,有利于微生物活动和养分分解,促进玉米根系呼吸和吸收,防止叶片片早衰,使玉米提早成熟,但在田间作业时,要防止伤害叶片和根系。

(6) 站秆扒皮晒 玉米蜡熟后,站秆扒开玉米果穗苞叶,可促进玉米籽粒降水,提早收获。

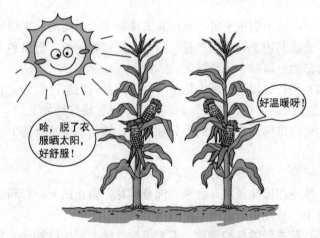

哈,脱了衣服晒太阳,好舒服!

好温暖呀!

(7) 适时晚收 玉米后熟性较强,收获后植株茎叶中营养物质还向籽粒中运输、增加粒重。因此,玉米提倡适时晚收。一般应在10月5日以后,这是一项不增加成本的增产措施。

61. 玉米机械化收获与人工收获相比优势何在?

除了提高生产效率之外,使用玉米收割机的另一个好处是玉米秸秆经过粉碎直接还田,提高了秸秆综合利用率。既避免了焚烧玉米秸秆,又增加了土地的有机质含量,达到了省工省力又环保的效果。

62. **玉米机械化收获作业应注意哪些问题?**

玉米机械化收获技术,是玉米生产全程机械化的重要环节,是玉米丰产丰收的重要保证。机械化收获作业时应注意以下问题:

(1) 收获前 10~15 天,应对玉米的倒伏程度、种植密度和行距、果穗的下垂度、最低结穗高度等情况,做好田间调查并提前制订作业计划。

(2) 收获前 3~5 天,对田块中的沟渠、垄台予以平整,并将水井管、电杆拉线等不明显障碍物设置标志,以利于安全作业。

(3) 作业前应进行试收获,调整机具,达到农艺要求后方可投入正式作业。

(4) 作业前,适当调整摘穗辊间隙,以减少籽粒破碎。为使剥皮器工作正常,要保证弹簧导管与挡片之间的间隙在 25~30 毫米。间隙过大会使剥皮质量下降,加快剥皮辊的磨损。应该经常检查此间隙,一般情况下,每工作 120 小时后需检查 1 次。同时注意果穗升运过程中的流畅性,以免卡住堵塞。随时观察果穗箱的充满程度,以免出现果穗装满后溢出,或卸粮时卡堵等现象。

(5) 正确调整秸秆还田机的作业高度,以保证留茬高度小于10 厘米,以免还田刀具打土损坏。

(6) 安装除茬机时,应确保除茬刀具的入土深度。保持除茬深浅一致,以提高作业质量。

(7) 协调机收与机播的统一。在收割玉米时,发现因对不上行而漏收,行车速度快而掉棒、掉粒太多。这些原因大多是因种收农艺的不统一而造成的。

63. **玉米秸秆有哪些用途?**

(1) 粉碎直接还田 玉米秸秆通过收割机粉碎后,深翻或覆盖还田,可以提高土壤有机质含量,增加孔隙度,有利于增加微生物多样性,促进玉米根系生长,可有效改良土壤质量,同时可避免燃烧秸秆产生空气污染。秸秆还田培肥效果明显,可增产 5% 以上。

（2）生产高效有机肥　将玉米秸秆集中堆放在空闲地或废旧大坑中，加入生物速腐剂快速腐烂腐熟玉米秸秆，生产高效有机肥。

（3）制作成饲料　玉米秸秆含有大量的糖分、蛋白质、粗脂肪、粗纤维等有效成分和多种中量元素、微量元素。因此，可直接作为牲畜饲草，或者制成青贮饲料和生物饲料。

（4）进行食用菌栽培　将玉米秸秆粉碎后植入菌种来种植鸡腿菇、草菇、金针菇、平菇、杏鲍菇等食用菌，同样可以达到和棉籽壳、麸皮等物质相同的效果。用秸秆生产食用菌操作简单，成本低，效益高。

（5）作为工业用料　秸秆是纤维类植物，是轻工、纺织、建材原料。可以生产节能环保的新型墙体板材，提供耐高温、寿命长、隔音好的建材材料，可代替砖、木板、瓷砖，被广泛应用于建筑行业。

（6）制作沼气　玉米秸秆经过密封沤制，可生产沼气，充当燃料，缓解目前农村电力、燃料紧张问题，为农民节约开支。

第三章

特用玉米生产技术

64. 甜玉米种植需要注意哪些事项？

（1）**地块选择** 甜玉米对生产基地的要求较高，需保证其附近2 000米范围内没有污染源。同时，要求土壤耕作层较为深厚，有机质和有效养分相对含量较高，透气性和保水性相对较好，并具备良好的灌溉条件。

（2）**精细整地** 甜玉米种植应尽量选择有机质含量高、土质疏松、通气状况良好、既能保水耐旱又便于排水的土地。播前进行精细整地，以确保苗齐、苗全、苗壮。

（3）**选择良种** 应根据生产目的选择品种，以幼嫩果穗作水果蔬菜鲜食为目的，应选用超甜玉米品种；以加工为目的，可选用普通甜玉米品种。此外，还应根据上市时间，选择生育期适宜、品质优、抗病抗逆性好、产量高的品种。

（4）**隔离种植** 为保证甜玉米的品质，生产上必须进行隔离种植。隔离的方式一般分为空间隔离和时间隔离两种。空间隔离要求在其田块四周400米以内，不要种植与甜玉米同期开花的其他类型的玉米，如有山岭、房屋、成片树林等自然障碍作隔离，则可缩短隔离距离。时间隔离则要求春播错期30天以上，夏播错期20天以上，以确保不同品种玉米的花期彻底错开，避免相互影响。

（5）**适期播种** 甜玉米春播要求气温稳定达到12℃以上，一般于3月上中旬采取薄膜育苗移栽，温室育苗可以提早10～15天；夏播要求吐丝授粉阶段温度低于35℃；秋播要求吐丝授粉阶段平均温度不低于20℃。

（6）**分期播种** 由于甜玉米主要是采收鲜穗，采收后不能久放。因此，一般采用分期播种分批上市，以提高经济效益。分期播种可每隔5～10天播种1次，并且早、中、晚熟品种搭配种植。

(7) 施足基肥 甜玉米的种植提倡配置优质的有机肥作基肥，一般以每公顷施有机肥 300～400 千克为宜。此外，还需配合施入复合缓释肥 40～60 千克/亩、锌肥 1 千克/亩。施肥时注意种肥隔离，防止烧苗。

(8) 加强管理 甜玉米出苗后，应及时检查出苗情况。对于缺苗断垄的地块要及时补栽，补栽时间掌握在 4 叶之前，应坐水栽苗，以便于缓苗，提高成活率。此外，在玉米的 4～5 叶期要进行间苗，去除弱苗和病苗，保证全田幼苗均匀一致。

(9) 病虫草害防治 甜玉米比普通玉米甜度高，更易感染病虫害。常见病害有青枯病、大斑病、小斑病、黑穗病、穗腐病等，虫害有玉米螟、金龟子、蚜虫等，应及时防治。为防止残毒，甜玉米授粉后尽量使用生物农药，避免使用化学农药，禁止使用残留期长的剧毒农药，且在采收前 15 天禁用农药，以保证品质。

地下害虫防治可选用 3% 米乐尔颗粒施 5 千克/亩，混细沙在播种沟撒施；玉米螟防治可在大喇叭口期接种赤眼蜂卵块，也可用 3% 的辛硫磷颗粒 1～2 千克/亩，撒施心叶；防治大斑病、小斑病可用 50% 的多菌灵可湿性粉剂 500 倍液，或 75% 的百菌清可湿性粉剂 800 倍液；杂草防治可用 50% 乙草胺 50 克/亩兑水 100 千克，用喷雾器压低喷头均匀喷洒于地表。

(10) 适期采收 由于甜玉米采收后可溶性糖含量下降速度快，容易影响口感和质量，因此，应在成熟之后立即采收。不同品种在不同种植季节的适采期有所差别。一般在授粉后 19～25 天采收，最晚不超 25 天。采收后及时处理，特别在夏季以不超过 12 小时为宜。若长途运输，要低温冷藏。

65. 糯玉米与普通玉米相比有哪些不同？

(1) 淀粉含量高 糯玉米胚乳性质不同于普通玉米，食之微甜，黏性强、皮薄、质嫩、味鲜、口感好。糯玉米含有的淀粉 100% 是支链淀粉，而普通玉米仅占 72% 左右。

(2) 富含多种营养保健物质 糯玉米的蛋白质含量一般在

10%以上，脂肪含量占 4%～5%，维生素含量占 2%左右，还含有钙、谷胱甘肽、镁、硒、脂肪酸和核黄素等多种营养保健物质。黄色糯玉米还含有稻、麦等缺乏的胡萝卜素，黑糯玉米中含微量元素硒和水溶性黑色素。糯玉米的赖氨酸含量也高于普通玉米。

（3）食用消化率高　糯玉米的基因突变改变了胚乳淀粉类型和性质，使得糯玉米淀粉的分子量只有普通玉米十分之一多，食用消化率比普通玉米高 20%以上，还具有较高的黏滞性和良好的适口性，加温处理的糯玉米淀粉具有高度的膨胀力和透明性。

66. 糯玉米为什么有那么多种颜色？

糯玉米也称黏玉米、蜡质玉米，因其胚乳具有黏性而得名。糯玉米起源于中国，是玉米第九条染色体的基因发生隐性突变而形成的特殊玉米类型。它和甜玉米一样，是自然界本来就有的一个传统物种，是基因自然突变进化的结果。

糯玉米籽粒的颜色是受其自身类胡萝卜素和花青素影响的。因为玉米是异花授粉的植物，雌雄同株，主要通过风将雄花花粉传播到雌花花蕊上完成授粉。如果相邻的两块地里种的不是同品种的玉米，当它们的花粉随风飘散到其他种类的玉米花蕊上的时候，不同品种之间的玉米就容易出现杂交。如果不同品种玉米籽粒的颜色是不同的，杂交的后果就可能是同一个玉米棒的玉米籽粒出现不同的颜色，也就是彩色玉米。因此，彩色玉米是通过杂交选育出来的。

67. 糯玉米种植需要注意哪些事项？

（1）**地块选择** 糯玉米对生产基地的要求较高，需保证其附近2 000米范围内没有污染源，同时要求土地平坦、土壤肥沃、有机质含量高、排灌条件良好、通风性好的地块。

（2）**选择良种** 生产上可供选择的糯玉米品种较多，种植时应根据生产基地的自然环境、气候条件和栽培技术选种适应性较强、抗性较高的稳产品种。同时，还要保证其已经通过国家或省级审定。此外，选择时还需要根据不同消费群体种植需求和喜好进行种子选择。

（3）**隔离种植** 要想保障糯玉米产品的品质，确保其拥有的固有特点不会受到串粉的影响，在种植时必须与其他品种隔离种植。通常情况下，隔离种植的方式分为两种，一种为空间隔离，必须要保证糯玉米与其他品种拥有300米以上的空间距离；另一种为时间隔离，必须要确保糯玉米与其他玉米品种的花期错开，时间通常在15天以上。

（4）**整地施肥** 为了保障糯玉米种植的高产性和高效性，应引用专业的机械设备对所选地块进行精细整地。整地时应施足底肥，增施有机肥，配方施肥，一般每亩施入3 000～4 000千克优质农家肥、30～40 千克复合肥，并施用适量的锌、硼等微肥。

（5）**适期播种** 春季播种的适播期一般在 4 月中下旬至 5 月初。播种过早，出苗慢还容易感病。夏播期以玉米灌浆期气温在 16℃以上为准。黄淮海地区麦收后至 7 月 20 日均可播种。播种时的行距一般为 60 厘米，株距 33～36 厘米，每亩留苗密度为 3 000～3 300 株。大穗品种以不超 3 000 株为宜。

（6）**田间管理** 糯玉米的田间管理需注意两个方面：一是追肥。一般在玉米的苗期、拔节期、穗期每亩分别追施 2～8 千克、3～5 千克、6～10 千克的尿素。二是病虫害的防治。糯玉米由于含糖量高，容易受玉米螟及黏虫危害，可选用 2.5% 溴氰菊酯乳油或 20% 速灭杀丁乳油 1 500～2 000 倍液防治，或者在大喇叭口期接种赤眼蜂卵来控制玉米螟的发生和危害。严禁使用残效期在 20d 以上的剧毒农药。

（7）**适期采收** 采收时间对糯玉米鲜穗的品质影响甚大。采收过早，干物质和多种营养成分不足，营养价值及产量低；收获过晚，容易出现籽粒缩水、表皮变硬、口感变差的现象。一般来说，糯玉米鲜穗的适收期为授粉后 25～30d，不同品种间略存差异。而对于收获籽粒的糯玉米，与普通玉米收获的要求相同，即当籽粒出现黑粉层时即可收获。

68. 笋玉米是如何形成的？

笋玉米即玉米的幼嫩雌穗。雌穗由植株的腋芽发育而成，一株玉米除最上部的 4～6 节外，其下每节都有 1 个腋芽，但并不是所有腋芽都能发育成果穗。除多穗玉米外，一般品种只有 1～2 个腋芽能形成雌穗，多穗玉米可形成 5～6 个雌穗。笋玉米以生产幼嫩果穗为目的，因此，应选择多穗型品种，促进单株分化形成优质笋，这是笋玉米生产的关键。

生产上常见的笋玉米主要有三种类型：一是专用型笋玉米，即一株多穗的专用笋玉米品种。二是粮笋兼用型笋玉米，即多穗型的普通玉米品种，将每株能正常成熟的果穗留作粮食，不能正常成熟果穗作笋玉米。三是甜笋兼用型笋玉米。在甜玉米中，每株上正常发育的大穗作甜玉米，不能正常发育的幼嫩果穗作笋玉米。

专用型笋玉米　　粮笋兼用型笋玉米　　甜笋兼用型笋玉米

69. 笋玉米种植需要注意哪些事项？

（1）**选用良种**　笋玉米品种要求穗小、粒小和多穗，每穗授粉前都应发育良好。应尽量选用适应性强、产量高、早熟、密植、笋形细长、色泽金黄、外观漂亮、符合加工成笋玉米罐头质量标准的品种。

（2）**精细整地**　因笋玉米发芽和顶土能力较弱，故对整地质量要求较高。种植田块要深耕、细耙，作畦种植。

（3）**适时播种**　春播要求地表 5 厘米土温稳定在 12℃ 以上，地膜覆盖栽培以 5 厘米土温稳定在 8℃ 以上作为适宜播种期。露地直播栽培以 4 月下旬为宜，地膜覆盖以 4 月上中旬为宜；营养钵育苗移栽以 4 月上旬为宜，可采用小拱棚育苗，比露地直播可提早20 天以上播种。

（4）**合理密植**　因笋玉米不等籽粒形成即采收，故生产上宜采用比普通玉米更加密植的栽培方式，种植密度每亩以 5 000～6 000 株为宜，可采用宽窄行种植。点播一般每穴播 2～3 粒种子，每亩用种 2.5～3.0 千克；机械条播每亩用种量以 4.0 千克左右为宜，植株长到 6～7 叶龄时定苗，每穴留苗 1 株。

(5) 水肥管理 笋玉米种植时的肥料管理原则是前期重施基肥，早促早管。施肥要以基肥为主，追肥为辅；以有机肥为主，化肥为辅。拔节期是笋玉米的需水临界期，这时若土壤水分不足要及时灌溉浇水，以保证笋玉米的产量和质量。

(6) 中耕除草 笋玉米苗期长势弱，要加强笋玉米幼苗管理，及时补苗、间苗和定苗，保证苗全苗壮；及时中耕松土锄草，促进植株生长发育，培育壮苗。

(7) 及时打杈 笋玉米部分品种分蘖较多，稀植条件下分蘖更多，必须及时彻底打杈以增加有效笋数，促进笋发育。

(8) 适时采笋 笋玉米采摘适期为吐丝后2～3天，但应根据笋茎的粗细、长短灵活掌握。一般在第一果穗花丝刚刚抽出苞叶时，即可开始采笋，以后每隔1～2天采一次笋，7～10天内可把全部笋采完。采笋时不要折断叶片，以免影响下部果穗的发育。

70. 笋玉米常见的病虫害有哪些？如何防治？

(1) 常见病害

①大斑病、小斑病。这两种病害一般在笋玉米拔节后容易发生。预防措施：选用抗病品种；注意与其他作物轮作；消灭越冬病原。发病时，可喷洒75%百菌清或雷多米尔500倍液防治，每隔7～10天重复2～3次。

②纹枯病。主要危害叶鞘，也可危害茎秆，严重引起果穗受害。预防方法：清除病原及时深翻；消除病残体及菌核。药物防治，发病初期喷洒600倍液井冈霉素，或50%多菌灵可湿性粉剂600倍液喷雾。

(2) 常见虫害 地下害虫、蓟马、蚜虫和玉米螟。地下害虫的防治方法：播种后亩用米乐尔1.5千克拌细土30千克，全田撒施。蓟马、蚜虫、玉米螟等虫害的防治方法同糯玉米或普通玉米。

71. 笋玉米容易出现哪些缺素症状？有何预防及补救措施？

由于要收获笋形好、尺寸标准的笋玉米，笋玉米雌穗的发育条件较之其他玉米更严格，在肥料施用上稍有不足或不均衡，就会导致畸形笋。笋玉米常见的缺素症主要有以下几种：

（1）缺氮　表现为笋玉米小而短。

（2）缺磷　雌穗发育不完全，弯曲畸形。

（3）缺硼　雌穗退化、畸形，靠近茎秆一面的果穗容易皱缩，达不到罐制工艺标准。

（4）缺铜　植株生长慢或停止生长，尖端死亡后形成丛生，叶色灰黄或红黄，有白色斑点，致使果穗发育不良，出现畸形笋。

预防及补救措施：一是施足基肥，每亩可基施有机肥 1~1.5 吨，复合肥 25~35 千克，尿素 5~10 千克，再根据苗期在拔节期每亩追施尿素 10~15 千克，同时要注意氮、磷、钾肥配合施用，可比普通玉米增加 10%~15% 磷肥用量，以确保笋玉米的甜度。二是适量补充各种微量元素，需要注意的是，施用微肥不能超量，叶面喷施水点要小而均匀；施用时间选择早晨或傍晚，防止"烧"苗。

72. 青贮玉米的种类及特点有哪些？

青贮玉米是在乳熟初期至蜡熟期收获的全株玉米，或在蜡熟期先摘除果穗并切割弃除青绿茎叶后，经切碎加工后直接储藏发酵而被用作牲畜饲料的玉米。目前，我国的青贮玉米品种可分为粮饲通用型、专用青贮型和粮饲兼用型 3 种。

（1）粮饲通用型　此类型青贮玉米是指既可作为普通玉米品种在成熟期收获籽粒，也可以收获包括果穗在内的全株以用作青饲料或青贮饲料的玉米品种。此类型品种在生产上弹性大、风险小，可根据畜牧业对于青贮料的需求量来调整收获比重。

（2）专用青贮型　此类型只适合作青饲料进行青贮发酵。

（3）粮饲兼用型　此类型青贮玉米是指先收获玉米果穗，再收获青绿茎叶用作青贮的玉米品种。

73. 青贮玉米的品质评价标准是什么？

青贮玉米的品质，国际上通常采用洗涤剂法对纤维的营养价值进行评价。具体标准是：干物质含量 30％～40％，干物质产量 2 500 千克/公顷，粗蛋白含量大于 7.0％，淀粉含量大于 28％，中性洗涤纤维含量小于 45％，酸性洗涤纤维含量小于 22％，木质素含量 3.0％，离体消化力大于 78％，细胞壁消化力大于 49％。此外，还要求牲畜适口性好，消化率高。

74. 青贮玉米种植需要注意哪些事项？

（1）品种选择　青贮玉米品种选择主要考虑的因素有生育期、持绿性、脱水性、抗性、生物产量、营养价值等。青贮玉米种植的目的是获得青绿植株。因此，在品种选择方面与普通玉米有所不同。一般来说，可选择晚熟，持绿性强，脱水慢，抗病性、抗倒性和抗衰老性强，全株生物产量高和全株营养价值高的品种。一般要求生育期比普通玉米晚熟 1 周，全株生物产量 4.5 吨/亩以上，干物质产量 2 吨/亩以上；全株粗蛋白不低于 7.0％，粗脂肪不低于 2.0％，中性洗涤纤维含量低于 55.0％，酸性洗涤纤维含量低于 30.0％，消化率大于 55.0％。推荐青贮玉米品种为山农饲玉 1 号、京科青贮 301 等。

（2）种子处理 青贮玉米在播种前一般需要对种子进行晒种或包衣处理，以提高种子的发芽出苗率，预防玉米病虫害的发生。通过晒种青贮玉米可提前出苗 1～2 天，出苗率提高 13％～28％。包衣一般选择使用 20％呋喃种衣剂或 35％的多克福种衣剂进行包衣，药种比为 1：50。

（3）选地与整地 要想确保青贮玉米的质量和产量，首先需要选择土壤肥沃、地势平坦、便于灌溉和排水的地块。整地时要先将杂草清除，进行深耕细耙，耕深要求不低于 20 厘米，然后结合深耕施入基肥。基肥以种肥方式施入，实现肥料在下、种子在上，保证种、肥分开 5 厘米以上。

（4）适时播种 青贮玉米播种同普通玉米一样，一般在地表的温度稳定保持在 10～12℃时播种比较适宜。播种时需要使用药物拌种，以预防地下害虫。可采用单粒精量播种机，一次性完成开沟、施肥、播种、覆土等工作。

（5）合理密植 青贮玉米的种植密度可以比普通玉米高一些，一般根据土壤的肥力、品种等确定种植密度，要求播种量在 3～4 千克，每亩的苗数达到 4 000～5 000 株，株间距保持在 65 厘米×25 厘米。

（6）中耕除草 一般在苗期进行中耕 2～3 次，耕时结合除草，以避免草害对幼苗的影响。在青贮玉米进入拔节期后再中耕 1 次，中耕的深度一般为 10 厘米，要掌握两头浅、中间深的原则。中耕后要进行高耕土，以避免发生植株倒伏。

（7）**合理施肥** 青贮玉米对肥料的需求量较大，除了在播种前施足基肥外，还需要做好追肥工作。在拔节期，可追施适量的尿素。特别需要注意的是施用肥料的比例，一般每亩施磷酸氢二铵 20 千克、尿素 25 千克、硫酸钾 15 千克，满足氮、磷、钾肥的比例为 10：7：5。

（8）**及时排灌水** 青贮玉米的需水量较大，在播种、拔节、抽雄期要及时浇水，以保证水分供应充足。但是如果遇到雨季，也要做好排水工作，否则会引起玉米地受涝严重，导致植株死亡，严重影响产量。

（9）**适时收获** 掌握好青贮玉米的收获期对于提高产量和质量非常关键，收获过早或者过晚都不宜。一般要求在青贮玉米吐丝后 20 天左右，含水量为 70% 左右时即可收获。此时，青贮玉米的质量最好。另外，在收获时要注意留茬的高度，过高会影响产量，过低则会夹带泥土，影响质量。一般应在距离地面 10 厘米的位置收割。

75. 青贮玉米常见的病虫害有哪些？有什么防治措施？

（1）**病害** 青贮玉米最常见的病害是瘤黑粉病，其防治方法应以选用抗病品种为主、药物防治为辅。同时，应该注意轮作倒茬，清除田间病瘤。

（2）虫害　青贮玉米很容易被害虫侵袭，主要的害虫有地老虎、叶螨、黏虫、玉米螟等。

青贮玉米出苗后至拔节前是地老虎危害的关键时期，防治不及时往往造成缺苗断垄，影响产量。

叶螨对青贮玉米的主要危害时期是 7～8 月，一般在抽雄前后防治效果较好。

黏虫的防治方法是在 3 龄以前及时喷洒杀虫剂，也可以使用 50%辛硫磷乳油 1 500 倍液喷雾防治。

玉米螟的防治方法是在大喇叭口期每公顷施用杀螟粉 45.0～75.0 千克，严重时可在吐丝期再用药 1 次，施于雌蕊上。

第四章

玉米加工技术

76. 普通玉米的加工用途主要有哪些?

随着玉米加工科技化程度的提高和玉米加工规模的扩大,玉米加工用途越来越多样化。通常来说,玉米加工可以分为三大类:饲料加工、食品加工、工业加工。

(1) 饲料加工 玉米是"饲料之王",世界上 65%～70% 的玉米都用作饲料,是畜牧业赖以发展的重要基础。我国的饲用玉米约占玉米总产量的 70%。研究表明,以玉米为主要成分的饲料,每 2.0～3.0 千克籽粒即可生产 1.0 千克肉,玉米的副产品秸秆也可制成青贮饲料。

(2) 食品加工 玉米是世界上最重要的粮食作物之一,全世界约有三分之一的人口以玉米为主要食粮。其中,亚洲人的食物组成中玉米约占 50%,非洲占 25%,拉丁美洲占 40%。据统计,玉米加工的食用产品主要有食用淀粉、食用酒精、淀粉糖、发酵制品、氨基酸等。

(3) 工业加工 玉米是重要的工业原料,也是产业链最长的粮食作物品种,全球利用玉米进行粗加工或深加工而生产的产品有 2000 多种。以玉米为原料加工的工业产品主要有工业淀粉、多元醇、医药产品、酒精等。

77. 甜玉米有哪些营养价值?

(1) 甜玉米含糖量高 甜玉米的含糖量是普通玉米的 3～6 倍,且其所含的糖是葡萄糖、蔗糖、果糖等可溶性糖,容易被人体吸收利用。

(2) 蛋白质所占比重高 甜玉米胚乳的碳水化合物积累较少,蛋白质所占比重一般较高,通常都在 13% 以上。而且甜玉米的蛋白质是一种赖氨酸平衡的蛋白质，相当于高赖氨酸玉米的赖氨酸含量水平。

(3) **富含脂肪** 甜玉米含有的亚油酸占 60% 以上。亚油酸属不饱和脂肪酸，有降低血液中胆固醇、软化血管和防治冠心病的作用。

(4) **含有丰富的维生素 E** 天然维生素 E 有促进细胞分裂、防止皮肤色素沉着和先期发皱、延缓衰老、降低血清胆固醇、防止皮肤病变的功能，还能减轻动脉硬化和脑功能衰退症状。

(5) **纤维素含量高** 甜玉米中的纤维素含量是精米、精面的 7～9 倍。纤维素可促进肠蠕动，能加速致癌物质和其他毒物的排出，减轻毒素在肠道内的积累，能有效地降低便秘、痔疮、结肠癌和直肠癌的发病率。

(6) **含有丰富的黄体素** 玉米黄体素有利于延缓眼睛老化。

78. 甜玉米的加工产品有哪些?

甜玉米的加工产品主要有甜玉米速冻产品、甜玉米真空保鲜产品、甜玉米罐头产品、甜玉米饮料产品、脱水甜玉米产品和甜玉米风味小食等。

(1) **甜玉米速冻产品** 有速冻甜玉米果穗和速冻甜玉米籽粒两类。速冻甜玉米果穗多用于餐饮行业，如快餐店销售的甜玉米段。果穗采收后切成 6～8 厘米的小段或整穗经过清洗、杀青、冷却后进行速冻，之后在 -18℃ 的冷库中储存；甜玉米果穗采收后，经过扒皮、修整、切粒、清洗、筛选、杀青、上速冻隧道进行速冻后，加工成袋装速冻甜玉米籽粒，供超市销售和家庭消费或为餐饮和食品加工行业提供加工原料。

(2) **甜玉米真空保鲜产品** 有真空保鲜果穗和真空保鲜籽粒。因成本低，有望替代一部分甜玉米罐头进入家庭、餐饮行业和食品加工行业，有广泛的市场发展空间。

(3) **甜玉米罐头产品** 有整粒和糊状两种。可开罐即食，也可再烹调加工，供家庭和餐饮业消费。

（4）脱水甜玉米产品　主要是指冻干脱水甜玉米籽粒。其加工工艺复杂，只有专业大型加工厂才能生产。多用于快餐食品加工行业，如用于生产快餐米饭、快餐面的配菜、汤料等。

（5）甜玉米饮料产品　有发酵饮料、复合饮料等，如甜玉米红枣饮料、甜玉米啤酒、甜玉米南瓜复合饮料等。单一的甜玉米饮料已无法满足市场的需求，将甜玉米独有的特点与各类食物原料结合，取长补短，研制出品种多元化、口味多样化的玉米饮品已经成为一种趋势。

（6）甜玉米风味小食　甜玉米能制作成风味小食，如玉米饼、烘焙食品、果冻等。

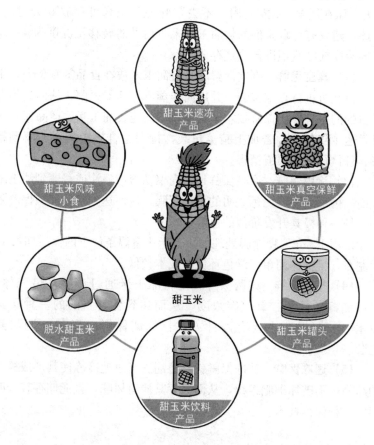

79. 甜玉米的保鲜技术有哪些?

温度对甜玉米的品质有着显著的影响,采收后的甜玉米若长期置于常温下,会使籽粒中的糖分转变成淀粉,影响口感。因此,为保留甜玉米的风味品质,采收后的甜玉米应及时进行保鲜处理。常见的保鲜措施如下:

(1) 冷藏保鲜 冷藏保鲜就是将甜玉米储存在低温设备里,以免变质、腐烂,是一种最基本、最常用的保鲜技术。研究表明,没有进行去苞叶处理的甜玉米在室温(20~25℃)下最多只能存放2天。而在低温4℃左右时,不去苞叶的甜玉米可存放5天时间。因此,建议有冷藏条件的将甜玉米采收后及时转移至温度为4℃以下的冷库或冷藏柜进行冷藏存放。

(2) 真空保鲜 真空保鲜就是将甜玉米放在食品蒸煮袋中,用真空包装机进行真空包装,并用高压蒸汽灭菌器灭菌,从而达到保鲜目的的一种现代保鲜技术。真空包装的速食甜玉米,产品保存期可长达1年以上。若加上精美包装,特别适合旅游景点、商场超市、餐饮行业等渠道销售。

(3) 涂膜保鲜 涂膜保鲜是将壳聚糖溶液喷涂或浸蘸到甜玉米表面,可形成一层无色透明的可食用膜,从而达到防腐抑菌保鲜效果,是一种极具开发价值的保鲜技术。

使用1%壳聚糖涂膜处理的甜玉米比室温条件下的保质期长10天左右,且操作简单、绿色环保、成本较低。

(4) 气调保鲜 气调保鲜就是将甜玉米通过调整环境气体,提高储藏条件下二氧化碳浓度,从而达到保鲜目的的一种保鲜技术。气调保鲜主要有两种方式:气调保鲜冷库和气调保鲜包装。

(5) 速冻保鲜 速冻保鲜就是将甜玉米迅速冷冻使其形成极小的冰晶,不破坏细胞组织,从而保存其原有风味,且能储存较长时间的一种保鲜技术。

80. 糯玉米的加工利用价值有哪些?

糯玉米的利用价值很高，可用于鲜食、食品加工、酿酒、饲用和工业等用途。

(1) 鲜食 糯玉米鲜穗的糯性强，略带甜味，皮薄，口感好，易于消化吸收。鲜穗上市适合采收的时间较长，早收时甜而质嫩，晚收时糯性强，干物质含量高，可供蒸煮和烧烤。

(2) 食品加工 糯玉米除可以加工成玉米糊、玉米粒、八宝粥罐头等常见食品，还可以替代糯稻米粉加工成汤圆、年糕等花样繁多的黏性糕点食品；也可加工成咖啡味、芝麻味、麻辣味等多种口味的香脆玉米休闲食品。另外，用糯玉米籽粒加工成的淀粉可用作增稠剂、乳化剂、黏着剂、悬浮剂等食品加工原料，广泛用于香肠、凉拌菜佐料、冷冻食品和各种方便食品的加工。

(3) 酿酒 用糯玉米酿造白酒、黄酒、啤酒，不但比普通玉米出酒率高，而且用糯玉米酿制的浓香型白酒有利于改进酒的回甜风味；作辅料酿制的啤酒能增进啤酒醇厚的口味，且有利于防止啤酒混浊。

(4) 饲用 糯玉米籽粒、茎、叶均为优质饲料，消化率高，适口性好，饲料效率比普通玉米提高 10% 以上。此外，糯玉米加工生产剩余的酒渣、淀粉渣也可用作饲料。

(5) 工业用途 糯玉米含有的淀粉全部为支链淀粉。支链淀粉

是一种优质淀粉，是现代工业的重要原料。广泛用于食品、纺织、造纸、黏合剂、制药、铸造等部门。

81. 笋玉米的加工利用价值有哪些?

（1）营养价值高 笋玉米的营养价值比全籽粒玉米高，较一般蔬菜也有独到之处。笋玉米富含蛋白质、维生素、磷脂等营养物质，还含有丰富的人体必需的各类氨基酸。其中，笋玉米的维生素E含量约为 0.3%；含磷量高出其他蔬菜 1～2 倍；赖氨酸含量约为 0.45%，比全籽粒玉米赖氨酸含量高 1 倍。

（2）具有保健作用 笋玉米被认为是一种新型低热量、高纤维、无胆固醇的优质高档保健蔬菜。其可溶性糖含量可达 8%～12%，相当于全籽粒玉米的 2.5 倍。经常食用笋玉米可以降低血液中胆固醇含量，预防肠道疾病等的发生。

（3）用途广泛 笋玉米可直接做成各种笋菜，如爆炒鲜笋、调拌色拉、腌制泡菜、制作罐头等。采笋后的茎秆、苞叶、花丝无论鲜喂、晒干或青贮都是牲畜的优质饲草，其糖分、淀粉、蛋白质含量高，脂肪多，热能高，适口性好。

（4）经济效益较高 笋玉米的种植密度一般为 5 000～6 000 株/亩。按每亩种植密度为 5 500 株、每株平均收笋 3～4 个计算，每亩可采笋 1.65 万～2.2 万个；按每支单笋重 8.0 克计，可亩产鲜笋 132～176 千克，按每千克鲜玉米 7.0 元计，亩鲜笋收入 924～1 232元；每亩还可收鲜秸秆 1 000 千克，出售给奶牛场作青贮饲料，每亩还可收入 120～150 元。这样每季每亩总收入可达1 044～1 382 元。由于笋玉米的生育期只有 60～70 天，部分地区每年可种两季或三季，则收入更为可观。

82. 笋玉米的加工产品有哪些?

笋玉米的加工产品主要有鲜食笋玉米、速冻笋玉米、笋玉米蜜饯、笋玉米罐头、笋玉米饮品、笋玉米腌制品和干品等。

(1) 鲜食笋玉米 指将适时采收的新鲜笋玉米直接带皮销售,可保证其新鲜度和营养,减少加工运输成本;但供应市场时间短,采收后的鲜笋要在 2 天内销售完毕。

(2) 速冻笋玉米 主要是指将采收后的鲜笋玉米经过剥皮、清洗、分选、预煮、冷却、沥干、装袋、速冻和冷藏处理后上市销售。

(3) 笋玉米蜜饯 主要是指将采收后的笋玉米经水洗、盐化、硬化、预煮、真空浸糖、沸糖煮透以及烘干成型等流程加工而成的笋制品。其优点是糖制后笋玉米变形小,原料不易折断,加工品质好,软硬适中,没有异味。

(4) 笋玉米罐头 笋玉米罐头是最常见的一种笋玉米加工产品,主要是指将采收后的笋玉米剥壳去丝、预煮漂洗、分级罐制,再经配加汤料、真空密封和杀菌冷却等程序后制成的笋加工产品。此类产品对笋玉米的大小、长短、粗细、色泽等外形要求较高。且采回的幼笋需在 24 小时内完成加工,否则容易影响其品质。

(5) 笋玉米饮品 指利用生产清水笋玉米罐头的次废原料,经煮熟或蒸熟后加适量水打浆、胶磨、超细微粉碎等工序加工而制成的系列产品,包括笋玉米羹、笋玉米汁和笋玉米花须饮料等。优点是可保证笋玉米的全部有效成分得到食用,从而提高笋玉米的经济价值。

(6) 笋玉米腌制品和干品 指将生产笋玉米罐头及蜜饯等剩余的断尖的、畸形的或者过大过小的笋玉米进行腌制和晒干制作而成的产品。

83. 与普通玉米相比,青贮玉米作饲料有哪些优势?

(1) 营养损失率低 玉米全株青贮后,能很好地保存玉米原有的浆汁和养分。孙道仓等报道，一般的青绿饲料在成熟和晒干后，营养损失为 30%～50%；而青贮过程中微生物氧化分解作用微弱，营养损失仅为 3%～10%，大大保留了青贮玉米的营养价值，尤其是蛋白质和维生素（胡萝卜素）等的含量要远远高于其他保存方法。

（2）适口性好，易于消化吸收 优良的青贮玉米具有鲜嫩多汁、气味芳香、质地柔软、适口性好、消化率高等特点。在青贮过程中，由于一般选择乳熟期至蜡熟期的玉米进行收割，玉米植株鲜嫩，水分含量为 65%～75%，最适合乳酸菌的繁殖。在乳酸菌作用下，糖类分解产生大量乳酸、少量醋酸和芳香物质，增强了饲料的适口性。

84. 青贮玉米加工要求及注意事项有哪些？

（1）配齐各种机械设备 一般来说，大面积种植的青贮玉米都采用机械收获。随收割随切短随装入运输车当中，拖车装满后运回装填入窖。小面积青贮饲料地可用人工收割，把整株的玉米秸秆运回青贮窖附近后，切短装填入窖。因此，青贮玉米收割前所需的各种收割机械、运输车辆、填压机械要配备齐全，并确保正常运转。

（2）选择适宜的收割时期 在青贮玉米收获时，一定要保持秸秆有一定的含水量，正常情况下要求全株青贮玉米的含水量为 65%～75%。如果青贮玉米秸秆在收获时含水量过高，应在切短之前进行适当的晾晒,晾晒1~2天后再切短,装填入窖。水分过低不利于把青贮玉米在窖内压紧压实,容易造成青贮玉米的霉变。因此,选择适宜的收割时期非常重要。

(3)掌握粗略测定含水量的方法 粗略测定切碎青贮玉米含水量可采用以下方法:用手攥握切碎玉米1分钟,松开后的青贮原料仍比较有弹性且慢慢散开,是制作良好青贮饲料的适宜含水量。若松开后能流出水汁,则含水量大于75%;若松开后原料呈团状但无水分流出,则含水量为70%~75%;若松开后料团立即散开,则含水量为60%以下;若松开后青贮原料已经开始折断,则含水量低于55%。

(4)保证良好的切碎程度 青贮原料切碎便于压实,能增大饲料密度,提高青贮窖的利用率。切碎的程度必须根据原料的粗细、硬度、含水量、家畜种类和铡切的工具等决定。对牛、羊等反刍动物,将秸秆切成0.5~2.0厘米为宜。

(5)保证厌氧环境 青贮饲料含水量偏高,为了保证质量、减少养分流失,在原料装入窖前可在窖底铺适量的干草或玉米秸(比例一般在1:8左右),原料在装填时必须进行压实。这样才能排出原料空隙间的空气,迅速形成有利于乳酸菌繁殖的厌氧环境。

(6)及时封埋窖顶 整窖装满压实以后,必须及时封埋窖顶。可以先用青草、稻草等覆盖一层,然后用塑料薄膜覆盖,上面再覆盖草包片和草席等物品,最后盖土。盖土要用湿土,并踩踏结实,厚度为20~30厘米,使窖顶呈馒头形,以免雨水流入窖内。

主要参考文献 MAINREFERENCES

阿拉努尔·阿布都热西提，朱甲明，郝敬喆，2020. 青贮玉米高产栽培技术 [J]. 农业技术，1：8-9.

戴惠学，2007. 甜玉米的营养价值及综合利用 [J]. 上海蔬菜（6）：114.

韩战强，宋艳画，王志方，2020. 影响青贮玉米品质因素的研究进展 [J]. 饲料研究，1：106-109.

李进，李铭东，阿不来提·阿布拉，1999. 特用玉米营养价值及综合加工利用 [J]. 新疆农业科学，4：162-165.

李少昆，2010. 玉米抗逆减灾栽培 [M]. 北京：金盾出版社.

刘霞，穆春华，尹秀波，2015. 夏玉米高产高效安全生产技术 [M]. 济南：山东科学技术出版社.

刘霞，穆春华，尹秀波，2018. 玉米安全高效与规模化生产技术 [M]. 济南：山东科学技术出版社.

刘晓涛，2009. 甜玉米的营养价值及其加工现状的研究 [J]. 技术装备（3）：47-48.

马春红，高占林，张海剑，2016. 玉米抗逆减灾技术 [M]. 北京：中国农业科学技术出版社.

任艳，郑常祥，徐建霞，等，2019. 糯玉米的营养价值及综合利用 [J]. 农技服务，36（9）：55-57.

石洁，王振营，2011. 玉米病虫害防治彩色图谱 [M]. 北京：中国农业出版社.

史长庆，2016. 笋玉米生产及栽培技术 [J]. 吉林农业，13：49.

王建武，刘艳玲，刘峰，2009. 玉米笋栽培技术 [J]. 特色农业（3）：19.

夏来坤，2016. 一本书明白玉米高产与防灾减灾技术 [M]. 郑州：中原农民出版社.

张光华，戴建国，赖军臣，2011. 玉米常见病虫害防治 [M]. 北京：中国劳动社会保障出版社.

张金牛，2017. 特用玉米栽培技术 [J]. 种子世界（6）：46-47.